悦生活

轻松做家务，
简单过生活

［日］中山亚衣子　著

何恒婷　译

中国轻工业出版社

序

我性格懒散，做事没有常性。

遇上麻烦或是无趣的事，总是无法坚持。

所以对于每天不得不做的家务，我希望能将其变成一种享受。

但是，怎样才能做到呢？

我每日思索、不得其解，

最终参透：

"我的快乐=花心思+动脑筋"

比如"与其把旧衣服扔掉，不如用它来做玩具"，

或者"把吸尘器放在方便拿取的地方吧"。

虽说都是些琐碎的小事，但如果能够花一点小心思，

哪怕是每天的例行家务，也能从中体会到不一样的新鲜感，

并能从中收获到兴奋、激动、愉悦的心情。

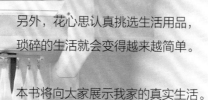

另外，花心思认真挑选生活用品，
琐碎的生活就会变得越来越简单。

本书将向大家展示我家的真实生活。

关于早起，
关于用心烹饪，
关于收纳、整理，
关于表达感谢，
关于时间、金钱、物品、资源，
关于珍惜稀缺物品。

也许都是些再平常不过的生活琐事，
我却希望在一点点细心积累的过程中，
享受生活。
怀着这种想法，度过每一天。

希望这本书能有幸给读者们带去些许快乐生活的启示。

忙碌生活细致过,
我有"制胜"法宝

 想办法让做家务的过程尽量变得高效、轻松

　　我是个怕麻烦的人，所以经常思考"如何能高效搞定家务"这一问题。我嫌收拾、整理的过程太麻烦，所以我尽量少给家里添置物品。为了方便打扫，我将清洁工具放在随手就能拿到的地方。不管是洗餐具还是洗衣服，都用一块肥皂搞定……就这样，我不断地寻找能给自己"减负"，并能重复使用的高效做家务方法。

　　我想把通过高效做家务节省下来的时间，用来陪陪家人、朋友，做自己喜欢做的事情或是用来工作。

挑选时令菜，
每时每刻，用心烹饪

我常以为，不论多么忙碌，烹饪都该是"用尽全心、细致谨慎"。食物造就我们的身体，所以我遵循应季而食的原则，并尽量挑选可放心食用的食材。不论是正餐还是零食，我都是自己亲手制作，所用的食材也都了然于心，吃起来自然非常放心。在工作日，通常烹饪时间不够充裕，所以我做的都是些简单的食物。到了节假日，我会根据孩子们的需求，大家一起来研究菜谱，一起悠闲地享受自己动手烹饪的乐趣。

只保留喜欢的必要之物

家中的物品越多，整理起来就越麻烦，所以一定要控制好自己的购买欲，看上喜欢的东西别急着下手，脑子里先想想"真的有买的必要吗？家里是否能找到替代品？能否用家里现有的东西做一个？"以前我总认为，家里应该备齐具有各种功能的物品，但自从尝试极简主义的生活方式之后，我才发现原来家里有那么多没有必要买的东西。

我想，对于那些自己真心喜欢的必要之物，我们应该悉心保管、好好使用才是。

不断尝试，
寻找更舒适的生活

做家务，永远没有终点。生活亦然。随着时间的流逝，家人、年龄、工作、环境都在发生变化，生活方式也不尽相同，曾经的"必要之物"和"爱用之物"也会慢慢发生变化。所以，对于某种做法，我从不武断地认为它是"最好的"，而是从"当前"的角度出发，不断审视自己的生活。也许会有失败、也许会有退步，我仍愿不断尝试，继续追求想要的舒适生活。

目　录

第一章　花点心思，爱上厨房

第二章　每日料理，让家人绽放笑脸

第三章　打造舒适生活，从整理开始

第四章　发挥巧思，让做家务更简单

第五章　旧物利用，且用且珍惜

第一章

花点心思，爱上厨房

使用方便的抹布

　　厨房里每天都要用到的就是抹布。我一般会用白抹布和亚麻抹布这两种。

　　白抹布主要用来擦拭台面、清洗餐具，基本上不用洗涤剂就能轻松祛除污渍。亚麻抹布主要用来擦干洗好的餐具和烹饪工具，或是当作餐巾擦拭嘴角（这样就不需要用纸巾了），有时也用来代替烘焙纸制作面包等。

　　白色抹布很容易显脏，仔细看看便知道哪里变脏了，或者是否洗净。这两种抹布都非常易干，可以随用随洗。摆放整齐的干净白抹布总能让人心情大好。

无论洗餐具、擦拭、打扫，都用白抹布

白抹布表面凹凸不平，可以轻易带走油渍、污渍，所以洗碗时连洗涤剂都可以省了。如果略有磨损，可以继续当成打扫卫生的抹布用，使用寿命非常长。

亚麻抹布也可作为烹调用具

亚麻抹布还是制作面包等食物的烹饪过程中不可或缺的。我曾经很喜欢用亚麻色和纯白色这两种颜色的抹布，但耐不住反复水洗，不知不觉中，抹布竟全变成了白色。

偶尔用水煮，会让抹布保持洁净

对于果汁等比较顽固的污渍，我会用含氧漂白剂（过碳酸钠）来进行漂洗。用水煮抹布的时候，为了不让抹布浮出水面，一定要使用小火加热。待水慢慢沸腾后，关火静置片刻。

关火后将锅盖放入煮抹布的容器中，这样开水不易冷却，抹布也不会浮出水面，漂白效果更佳。

方便烹饪的优质锅具

我家有四口烹饪用锅（品牌：geo product）。这四口锅可煎、可煮、可油炸。虽然有时锅会被烧焦或是不小心被空烧，但只要稍加水洗就又能变得崭新、锃亮，使用时完全不受影响。

因为导热性能好、可以进行无水烹调，所以它们可以在短时间内煮好蔬菜，而且蔬菜的营养成分和美味能得到极大程度的保留。另外，这些锅的保温效果也很好，可以用余热来加热需要煮的其他食材，这样食材能慢慢入味，而且也不易被煮散。

这四口锅让烹饪变得更方便，节能、美观又结实。我可得精心呵护，让它们能持久作战才好。

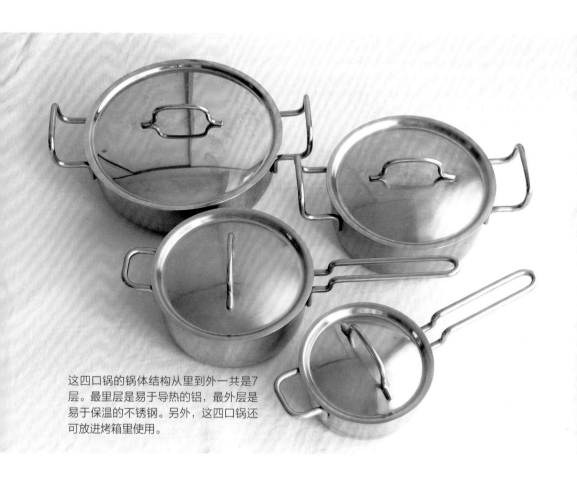

这四口锅的锅体结构从里到外一共是7层。最里层是易于导热的铝，最外层是易于保温的不锈钢。另外，这四口锅还可放进烤箱里使用。

无水烹饪可以极大程度地保留蔬菜里易溶于水的营养成分和美味。余热闷煮后的食物不易散形，还能节约燃气费。

如果感觉锅具缺乏光泽，可以在小苏打里加水并搅拌成糊状，然后用白抹布蘸上一些擦拭锅具。以前，如果锅被烧焦的话，我会把它放进加了小苏打的水里煮沸，然后关火放置几小时。自从用了白抹布之后，只要轻轻一擦，焦黑就立刻没了踪影，锅具也变得光滑无比。

脏了就用小苏打清洗

将抹布放在水槽上方

抹布需要沾水使用，所以
我把它们放在水槽上方伸
手就能够到的地方。

高效的厨房收纳

　　我家厨房的水槽和灶台中间只隔着短短的
60厘米。如果总是随手把要用的调料或烹饪工
具放在操作台上的话，不一会儿操作台就会变
得无从下手。所以，平时我尽量不在灶台以及
水槽四周放置物品。而且，为了高效烹饪，我
始终坚持这几个收纳原则，那就是"厨房里只
放必要之物""充分考虑在厨房的活动范围，把
物品尽量放在需要使用的场所附近""收纳的物
品要方便拿取"。

　　厨房的摆放物少了，操作空间就大了，而
且打扫起来也会轻松不少。

餐具放在水槽、操作台的下方

我家没有餐具柜，所有餐具都收
纳在水槽下的柜子里。把餐具放
在低处的话，就不用担心它们会
被打碎了。

干货放在操作台上方

把干货和粉状物放在透明的密封容器里，这样方便保管。粉状物通常连包装袋一起存放，这样就不会忘记保质期了。

筷子、刀叉等放在冰箱上方

筷子、刀叉等都存放在冰箱上方的收纳盒里。筷子都是一样的款式，任意两根都能组成一双。

锅具和油放在灶台下方

我家灶台下放着四口常用的锅、一口平底锅、各种油、盐、胡椒、芝麻研磨瓶等，灶台四周尽量不摆放任何物品。

文件等物品放在餐桌附近

如果家中的厨房是开放式厨房，则把要带去学校或邮寄用的文件以及文具等全部放在手提包里。把它们放在太隐蔽的地方容易被遗忘，所以还是要尽快整理好。

让烹饪变得有趣的厨具

看上去用起来很方便的厨具不少，但如果护理起来太麻烦或者拿取不方便的话，使用频率一般也会慢慢降低。所以，厨具还是要选择适合自己的，而且量不宜太多。

除了菜刀、汤勺等厨具以外，对于我来说，"膳魔师"的保温杯也是不可或缺的、重要的厨房道具。有了这些喜欢的厨具，下厨房也能变得愈加有趣。我希望能一直和这些不易坏、易清洗、易使用的既实用又美观的厨具们，一起享受厨房生活。

"无印良品"的不锈钢笊篱和碗

笊篱底部装有可以让它平放的支脚，所以沥水效果很好。它还可以和碗叠在一起存放。如果碗只有一只，不够用的时候就可以用其他餐具或收纳容器来代替。

将厨具放在伸手就能够着的抽屉里

将厨具放在最方便推拉的最上层的抽屉里。以前每次拉开抽屉，抽屉里的东西总是杂乱不堪。自从在抽屉里放上两个分格托盘后，问题便得到了彻底的解决。

方便好用的"膳魔师"保温瓶

早上把泡好的茶倒进这个保温瓶里，这样一整天都能喝上热乎乎的茶水了。它还可以用来泡豆子或是做甜酒，非常方便。去野餐时也能带上它。它的瓶口和瓶身都足够大，可以将手伸进瓶内进行清洗，这一点我很喜欢。

①汤勺（品牌：柳宗理）可以把剩在锅底角落里的汤汁都舀起来，而且握感舒适。

②硅胶筷（品牌：VIV），清洗后易风干、非常卫生，还可用来做油炸食品。

③硅胶烹饪勺（品牌：无印良品），可以用来搅拌、翻炒食材，还可做捞勺用，是个万能厨具。

④夹面专用钳（品牌：CUISIPRO）。

⑤磨刀石（品牌：GLOBAL），它能使磨刀变得不费劲，还不占空间。

⑥削皮器（品牌：PEEL A PPEAL），形状小巧、使用方便。

⑦饭勺（品牌：奥秀），盛饭时不易粘饭。

⑧打蛋器（品牌：柳宗理），打蛋效率高且蛋泡细腻。

⑨厨用剪刀（品牌：鸟部制作所），清洗时，可以轻易地把剪刀拆开。

⑩13cm长的果蔬削皮刀（品牌：GLOBAL）和18cm长的菜刀（品牌：三德），刀刃锋利、小巧轻便。

⑪擦丝器（品牌：工房AIZAWA），用水轻轻一冲就能洗得很干净。

杜绝浪费食物：我的冰箱法则

为了不浪费粮食，也为了能吃上新鲜的食材，我制定了加快冰箱周转率的法则。

不在冰箱死角存放食物。

使用瓶身透明的容器。

不能把冰箱塞得太满。

自从用了这个法则，冰箱里的食物变得一目了然，再也不会有食物因为被忘记而变腐烂，也不存在重复购买的现象了。我一般会把吃剩的食材放在味噌汤或咖喱里做配菜，尽量等冰箱里的食物吃光之后再去采购新的食材，而且每次都不会采购太多。这样做，冰箱就能保留一定的空间，可以杜绝食物浪费，费用也能节省不少。

第一层左侧的保鲜盒里装着的是味噌酱和杂鱼干。第二层靠外侧的空间一般会空出来，用来放锅或电饭煲的内胆。第三层的珐琅容器是用来装米糠酱菜的。

不在冰箱死角存放食物

如果一前一后摆放食物的话，靠里侧的东西拿起来就会很费劲，而且也不容易被察觉，更有可能在腐烂之后才被想起。所以，对于冰箱收纳，我遵循的原则是，不在冰箱死角存放食物。

只放置需要用的物品

调味料，我只挑选喜欢用的。每种调味料都尽量选择大小合适的，这样在被用完之前还能一直保持原有的风味，沙拉调料和面露只在需要用的时候临时调制，所以冰箱门架处还留有很大空间。

蛋黄酱和番茄酱，如果剩的不多的话，挤起来就会特别费劲。把它们倒立在马克杯里收纳就可以了。

将米类也放在冰箱里

为了防止米的口感变差，或者生虫、发霉，可以把米类放在冰箱里保存。卖米的商人建议我放在冰箱的蔬菜保鲜柜里。

不要长时间冷冻食物

把肉、鱼、面包、乌冬面、切好的油豆腐、剥好皮的大蒜、木鱼花、杂鱼干和煮过高汤的（昆布）残渣等冷冻起来。注意在风味和鲜度还没有下降之前尽快使用完。

透明的玻璃容器便于使用

储存食物的容器，我一般选择不耐脏的白色或透明色。相较于塑料材质，玻璃容器不易染色、不易串味，还可以直接煮沸消毒，非常卫生，并且不用打开瓶盖就能确认瓶子装的是什么，非常方便。

密封瓶（品牌：CELLARMATE），瓶口很大，能将整只手能伸进瓶子里，还能轻松拆下金属部分进行彻底的清洗。容量大的密封瓶，我一般用来制作当季产的水果糖浆。容量小的密封瓶，就用来保存做好的调料。这次做点什么好呢？盐酒曲、酱油酒曲、香草油、还是腌柠檬呢？我越想越期待。

玻璃容器（品牌：怡万家）

可叠放在一起。可用于微波炉、烤箱、电冰箱和洗碗机。外表美观，可以把盖子取下，直接把整个瓶子端上餐桌，这点也是这个牌子的玻璃容器一大特色。

十元小店的瓶子

这是我在十元小店买的瓶子，我很喜欢它们质朴的颜色和造型。瓶盖附带手柄，所以很容易把盖子拧开，我一般用它来收纳咸梅干或万能调料（参见本书第55页）等分量少的食物。

密封瓶（品牌：CELLARMATE）

可以保存粉末、液体等各种性状的物品。瓶身的金属部分是不锈钢材质，所以还可以用来保存果酒或腌菜等。瓶口很大，可将整只手能伸进瓶子里，还能轻松拆下金属部分，清洗起来非常方便，这点也很合我意。

能映衬出食物颜色的白色餐碟

我很喜欢将做好的料理摆放在白色餐具上。我希望在视觉上，给孩子们营造出一种"这很美味"的感觉。

餐具，我很喜欢"iittala"品牌的"Teema"主题系列。如果餐具形状统一，放进洗碗机里清洗时就会很方便，而且还可以叠在一起存放，非常方便。

餐具能为烹饪和用餐带来更多的乐趣，为生活添加更多丰富的元素。虽说餐具太多也实属浪费，但如果遇上了喜欢的餐具的话，我还是会买上几件的。

餐盘有三种大小

这三种大小的餐盘我各有三个，九个餐盘使用率非常高。这几年来几乎每天都会用到，仔细看的话，虽说上面有不少小的裂痕，但却很耐摔，非常结实。

汤碗有两种大小

碗内侧是清一色的白色，外侧设计却各不相同。这些碗有的是和"Marimekko"品牌的合作款、有的是某一季节的限量版，每个都非常可爱，都是我慢慢攒起来的。

厨房污渍要在当日清理干净

厨房污渍残留的时间越久，清理起来就越费劲。我在烹饪时，也会不时地擦一擦灶台四周、冰箱的把手、调料瓶的底部等地方。在还没养成频繁的擦拭习惯之前可能会觉得它略显麻烦，但是比起等污渍变顽固了再处理，这种方法可是轻松多了。

晚餐后，再把水槽里侧、墙壁的瓷砖、灶台前的地板等地方擦一擦，整个打扫工作就算是完成了。抹布要多围一些，这样，如果抹布脏了的话，就立即换干净的，也不会觉得心疼。

我家是开放式厨房，所以我希望它看上去干净、整洁，而且，在干净的厨房里干活，心情也会很舒畅。

用白抹布擦拭水槽及墙壁

用白抹布擦拭水槽及墙壁时，用手就能感觉到污渍有没有被清理干净。烹饪时，油或调料非常容易溅到墙壁上，所以需要好好地清理这些污渍。水槽内侧也能被白抹布擦拭得光洁如新。

我把排水口处橡胶材质的盖子和较长的垃圾篓拆下，换上了比较短的、不锈钢材质的垃圾篓。这种垃圾篓我买了两个换着用，脏了的话就放进洗碗机里清洗后再烘干，这样，垃圾就不容易缠在篓子上，而且也不会有那种湿滑的手感，非常干净。

每周将地板彻底擦拭一遍

每次发现地上撒了食物或是有其他污渍时，我都会立刻把它擦拭干净。尽管如此，每周我还是会把所有的椅子摆到桌子上，用旧的白抹布把桌角和整个地面擦拭一遍。房子变干净了，心情也就舒畅了。

美好的一天从空荡荡的桌面开始

外出归来，希望迎接我的，是一个能让我感到彻底放松的家，一个无比舒心的家。所以，我给自己立了每天早上都要完成的小目标，那就是"在出门上班前，把桌面收拾干净！"

其实，如果能将整个屋子都收拾干净自然是最理想的，但是，每天上班前一般也没有那么充足的时间，所以稍稍降低一点标准，至少努力把将桌子收拾好，把这个小目标完成就好了。

除了作为餐桌使用外，大家还经常围坐在桌子旁聊天、读书或是看电视，儿子会在那写作业、玩电脑或是做手工……桌子是我家生活的中心。我希望让它时刻保持整洁，这样大家用起来才会舒心。

第二章

每日料理，
让家人绽放笑脸

使用时令菜

煮物多做一些，
并堆成小山

添上一个孩子喜欢
的水果或点心

大小适中的饭团

每天变换味噌汁或
汤里的配菜

手工制作的米糠酱菜

时令菜，让早餐充满活力

　　我每天都要上班，孩子们也正处在生长发育期，所以每天早上我会尽量让菜品丰盛一些。我将每个人的早餐都盛在一个盘子里，这样不仅外观显得可爱，而且还方便配膳、方便清理。

　　菜谱一般在头一天就决定好。我常想：能用上一些水分充足的、新鲜的时令菜就好了；好想加一些山珍海味进来啊；做成孩子们喜欢吃的口味吧……想到这些，我的心里就会涌上一丝丝兴奋。

　　我和孩子们都是十足的"吃货"。享用完美味的早餐，再喝上一杯暖暖的茶，感觉身体里立刻充满了无限的能量。总有一种仿佛要有好事发生的令人开心的预感。

春季食谱

洋葱烩饭、白豆角浓汤、煮脱水冻豆腐、芝麻味噌酱拌儿菜、丑橘

咸味糙米饭团、配菜多多的味噌汁、芹菜猪肉卷、包菜裙带菜沙拉、煮豆子、米糠酱菜、草莓

在当座煮（把食材用酱油、糖、味醂等调味后煮制而成的菜，口味偏重）中加入干香菇和生姜

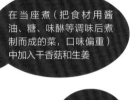

散发着蛤蜊高汤的香气

糙米饭团、包菜味噌汁、牛蒡当座煮、芝麻凉拌纳沙蓬、蚕豆、酸味噌凉拌野生土当归、甘夏（一种夏季蜜橘）

蛤蜊肉饭团、芜菁味噌汁、羊栖菜煮大豆、高汤醋泡包菜、甜煮黑豆、米糠酱菜、八朔柑（原产日本广岛县因岛的一种柑橘）

满满的应季蔬菜

豌豆饭、配菜多多的味噌汁、木鱼花炒笋、炒芦笋、米糠酱腌包菜、草莓酸奶

糙米饭团、豆腐裙带菜味噌汁、盐烤鲅鱼、油菜花凉拌儿菜、米糠酱腌芜菁、草莓

头一天吃剩的蔬菜杂烩再利用

手工全麦面包、夏季蔬菜咖喱、黄瓜水萝卜沙拉、烤南瓜、梅子酱酸奶

夏季食谱

红黑米饭团、南瓜味噌汁、萝卜干煮物、醋拌凉菜、小番茄、蓝莓酸奶

糙米饭、秋葵汤、烤油豆腐夹味噌茄子、炒南瓜青椒丝、德拉瓦尔葡萄和西瓜

在汤中加入橄榄油和罗勒叶

沙丁鱼青紫苏饭团、番茄味噌汤、芝麻凉拌苦瓜、煎夏季蔬菜、土豆沙拉、李子和西梅

青紫苏梅肉饭团、菌菇味噌汁、煎茄子和西葫芦、秋葵羊栖菜沙拉、南瓜、西梅

将鸡肉用酱汁腌制一晚

手工全麦面包、土豆豆浆浓汤、煎鸡肉、蔬菜杂烩、枇杷

羊栖菜胡萝卜烩饭、白菜大葱味噌汁、炒藕片、芝麻凉拌小松菜胡萝卜、苹果

使用提前做好的韩式凉拌菜

不用捏的韩式凉拌菜饭团、油菜花金针菇味噌汁、小圆白菜炒灰树花菌、土栾儿、米糠酱腌胡萝卜、八朔柑

煮物是昨天吃剩的

蔬菜拌饭，豆腐裙带菜味噌汁，白萝卜、鸡肉、魔芋煮物，干烧芋头，沙拉，米糠酱腌胡萝卜、柿子

秋冬三季食谱

芝麻饭团、白菜油豆腐味噌汁、筑前煮（加香橙）、日本水菜裙带菜沙拉、米糠酱腌胡萝卜、柑橘

秋季三文鱼灰树花菌烩饭、蛤蜊味噌汁、炒油豆腐魔芋胡萝卜丝、凉拌小白菜、无花果

阳台栽培的水萝卜

青紫苏梅肉饭团、猪肉汤、麻油炒山药、芝麻凉拌小松菜、米糠酱腌水萝卜、柑橘

从决定做到出炉，只要两小时的野生酵母面包

我平时的主食以米饭为主，但也非常喜欢面包。使用白神酵母的简单手工圆面包，需要用到的食材很少，做起来很简单，味道也非常不错。从决定做到面包出炉，只需要两个小时，非常适合做假日早餐或是零食。

商店里出售的国产小麦粉原料的无添加面包非常贵，但是如果自己在家做的话，就非常划算了。而且，刚出炉的面包味道简直太棒了！在制作基本款的圆面包的原料里，再添加一些其他食材，就可以做出各种其他风味的面包了，如葡萄面包、豆沙馅面包、咖喱面包、比萨面包等。

材料

高筋面粉500克、盐10克、甜菜糖10克、干白神酵母10克、橄榄油20克
*白神酵母是在秋田县的白神山地里发现的野生酵母。

做法

①将白神酵母放入装有400毫升35℃温水的杯子里，静置3分钟。

②将高筋面粉、盐和甜菜糖搅拌均匀，加入橄榄油、220毫升的温水以及步骤①中加入酵母的水，混合搅拌成形。盖上一块湿布，醒3分钟。

③用手揉面约15分钟，揉成一个圆形。再盖上湿布进行发酵（一次发酵），待面团体积膨胀到约原来的2倍即可。如果在室温条件下，这个过程大概要数个小时，我一般会把面团放进微波炉里发酵（40℃发酵5分钟→静置10分钟）。

④把发好的面团分成数小份，揉圆（一个面团60~70克）。盖上湿布醒15分钟，待体积稍微膨胀之后揉成好看的圆形，再次盖上湿布，像步骤③一样进行二次发酵。

⑤面团再次膨胀后，放入预热至200℃的烤箱里烤15分钟。

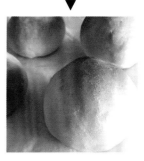

烤好啦！刚出炉的面包味道简直棒极了。从准备到烤制成功需要2小时左右。

创意食谱，品尝各色面包

只需要把面包胚放进模具里，就能做出手撕面包

把第35页第④步中发酵好的圆面团放入烤磅蛋糕的模具里。在表面撒一些小麦粉，像烤普通面包一样放进烤箱里烤。不妨撕下一些尝尝看，面包芯松软又有嚼劲。

用到的是在自家阳台种的迷迭香，刚摘下的迷迭香非常新鲜。

散发着香草清香的迷迭香面包

可以在橄榄油里加入切碎的迷迭香。这样，在撕下面包的一瞬间，清爽的香气就会扑鼻而来。

这样的汉堡包，让你
感觉像是在外用餐

在基本款的圆面包上撒上芝麻进行烘烤，就能做出做汉堡包时常用的圆形小面包了。

把肉末、盐、胡椒粉、蒜蓉搅拌均匀，压成圆形肉饼，放入平底锅里煎。然后，在平底锅里加入酱油、味酥、酒、甜菜糖（比例为1:1:1:1）和少量的土豆粉，将肉饼做成照烧风味。这样汉堡包里的肉饼就算做成了。炸薯条是将土豆条裹上小麦粉和土豆粉（比例为1:1）后放入锅油炸而成。

用提前做好的蔬菜杂烩做披萨面包

在面团上放上提前做好的蔬菜杂烩，就可以烤制出比萨风味的面包了。这种面包适合在假日作为午餐食用。

用冷冻豆沙馅做豆沙面包

冰箱里有一些之前做柏饼（一种用橡树叶包裹着的豆沙馅的点心）时剩下的自制豆沙馅，也可以把它夹进面包里进行烘烤。

胡萝卜曲奇

<材料·2人份>

全麦粉30克、低筋面粉70克、甜菜糖10~30克（按个人喜好调整使用量）、胡萝卜末30克、植物油30克（菜籽油）

<做法>

先将面粉和甜菜糖混合均匀，再加入其他材料搅拌均匀。将面团擀成面皮，用刀切成小块儿，再用叉子或工具在上面戳一些小孔。放进预热至170℃的烤箱里烘烤25分钟。

全麦粉营养价值高，而且麦香味浓郁。在塑料袋中搅拌面粉并按揉面团，会轻松不少。

 ## 讲究原料的健康小点心

假日，在家做点心。

如果做法过于复杂的话，往往难以坚持，所以我手工自制的小点心，一般做起来都很简单。选用的食材也并无特别之处，吃剩的菜、应季的蔬菜水果、琼脂等，这些都是家里常用的食材。

手工制作的点心，不论是外表还是味道都很朴素，但用的材料都很安全，吃起来也放心。做点心时，孩子们都非常乐于帮忙。

如果做出的点心外形可爱或是味道格外的好，我都会很开心，特别是如果能获得孩子们的欢心我就更开心了，而且也会有继续做下去的动力。我希望能继续制作些能让孩子们体会到浓浓爱意的健康小点心。假日，在家做点心。

白芝麻豆渣粉曲奇

<材料·2人份>

豆渣粉100克、低筋面粉100克、甜菜糖20克、白芝麻适量、芝麻油40克

<做法>

将豆渣粉、低筋面粉、甜菜糖、白芝麻搅拌均匀，加入芝麻油和少量水和成面团（可视揉面情况调整水的使用量）。将面团擀平，用模具压出形状。在预热至180度的烤箱里烘烤25分钟。刚出炉的曲奇非常美味。

黑芝麻生姜曲奇

<材料·2人份>

低筋面粉80克、全麦粉20克、甜菜糖20~30克、黑芝麻粉20克、油30克（菜籽油）、生姜末20克

<做法>

把所有的材料混合均匀、揉成面团。将面团擀平，用模具压出形状。放入预热到170℃的烤箱里烘烤25分钟。

味道甘甜的甜菜糖，是从生长于寒冷地带的"砂糖白萝卜"中提取出的，常食有温阳、祛寒的功效。

南瓜松饼

<材料·2人份>

南瓜100克、全麦粉50克、豆浆100克、植物油（橄榄油、芝麻油等）5克、核桃适量、甜菜糖2大勺

<做法>

用叉子把煮熟的南瓜压碎，倒入其他食材搅拌均匀。在平底锅中倒入油，加入面糊，用小到中火将两面煎熟。撒上磨碎的核桃、再浇一些甜菜糖浆（在甜菜糖中加入一半量的水）。

国产、不使用漂白剂的碎片琼脂，使用起来非常方便，我很喜欢。

苹果琼脂果冻

<材料·2人份>

苹果泥200克、琼脂碎片3克、水100克

<做法>

苹果去核，连皮一起打成泥。将所有食材放入锅中加热，不断搅拌，用小火煮沸后再煮3分钟。关火后，待冷却结冻后，用勺子舀成小块儿盛在小碗里。

柿子果冻

<材料·2人份>

柿子300克、水300克、琼脂碎片5克

<做法>

将熟透的柿子剥皮，用勺子舀出果肉，放进碗里。在锅里加入水和琼脂碎片，加热煮沸，待琼脂融化后倒入盛有果肉的碗中搅拌均匀后，倒入喜欢的容器里冷却、凝固。

熟透的柿子可以直接用勺子将果肉舀出，用它来做果子露味道也很不错。

豆渣饼

<材料·2人份>

豆渣100克、土豆粉50克、水150克、植物油少许、御手洗团子（将用米粉做成的团子穿在竹扦上，蘸上酱汁烤成的食品）酱（酱油、味醂、枫叶糖浆各2小匙）适量、海苔适量

<做法>

将除御手洗团子酱、海苔以外的其他材料混合搅拌，揉成圆饼形后，放入平底锅里煎至两面略显焦黄。加入酱汁，煎至两面上色，再卷上海苔即可。记得在豆渣饼冷却、变硬之前食用。

家附近的豆腐铺里就有豆渣卖，价格不贵而且营养丰富。

白萝卜饼

<材料·2人份>

磨成大颗粒状的白萝卜泥200克、土豆粉50克、低筋面粉50克、植物油少许、酱汁（酱油、味醂、甜菜糖、水各2小匙）

<做法>

将除酱汁以外的材料混合均匀，做成扁圆形，放入平底锅内煎熟。加入事先做好的酱汁，并让饼的两面都蘸上酱汁，煎至两面上色。还可用柚子醋和麻油做成韩式煎饼风味，或是用木鱼花和酱油做成日式风味，味道都不错。

芋头煎饼

<材料·2人份>

煮好的芋头200克、米饭200克、植物油少许、味噌酱（味噌和味淋各1大匙）适量、御手洗团子浇汁（酱油1大匙、味醂2大匙）、海苔

<做法>

趁热把芋头和米饭用饭勺压成泥，混合搅拌均匀后，压成扁圆形后，放入平底锅内把两面煎至焦黄。将味噌酱调好加热待用，食用时把酱汁涂抹在饼上。也可以裹上御手洗团子浇汁入锅煎熟，食用时在饼上放一小块儿海苔。

无论是过程还是结果，都让人充满期待的梅子糖浆

应季水果大量上市的时候，我都会买来许多用来腌制糖浆，这样，在很长一段时间内都能品尝到时令水果的美味。

去年，我做了梅子糖浆和柠檬糖浆。

在甜菜糖融化之前，我总是每天一边摇晃瓶子，一边充满期待地想象着它做好的味道。我总也抵不过糖浆腌制过程中散发出的酸甜的香气，中途时常打开瓶盖偷偷品尝。

做好的糖浆，可以兑水或汽水喝，也可以拌在酸奶里吃，或是用来制作点心。像往常一样，我今年也准备做一些糖浆尝尝。

大概一周后，会变成这个样子。

将做好的糖浆或是果酱放进用开水消好毒的瓶子里，放进冰箱里保存。

酸甜清香的梅子糖浆

将1千克梅子、1千克甜菜糖、100克苹果醋倒进密封瓶里。每天晃动密封瓶，二三周后取出梅子，糖浆就做好了。

腌制梅子糖浆后的第
17天取出的梅子。

用取出的梅子做梅子果酱

把去核的300克梅子肉、150克甜菜糖、150
克水倒进锅里，用小火熬煮15分钟，边煮边搅
拌，注意不要烧焦。做好的果酱酸甜可口，香
气怡人。

用梅子糖浆做梅子果冻

将5克琼脂片（或者琼脂粉）和500克水倒
进锅里煮沸，待琼脂融化后关火。加入100
克梅子糖浆搅拌均匀，倒入喜欢的模具里冷
却、凝固。冰镇或常温食用都很不错。

可以用柠檬糖浆做成饮品，也可以用它来做蛋糕

我会用日本产的柠檬来做柠檬糖浆。把柠
檬切片与等量的甜菜糖一同放进玻璃瓶里
即可（如果使用2升的瓶子的话，柠檬和
甜菜糖各放700克左右）。我常一边摇晃
玻璃瓶一边想：可以先用这些糖浆来做
些饮料尝尝，然后，还可以试着做柠檬
蛋糕呢。

甜酒

用锅把水煮沸后关火，待水冷却至60℃，加入与水等量的米酒曲，再次加热至65℃（如果温度超过65℃的话，甜酒就丧失了甜味，制作就算失败了，切记）。把甜酒移至保温壶里，这时温度大概是60℃左右，盖上盖静置8小时就做好了。

甜酒豆腐冰淇淋

天然的甘甜、沙沙的口感，让人停不下口的美味
<材料>
甜酒200克、豆腐200克（绢豆腐或木棉豆腐都可以，轻轻沥干水分）、装饰用薄荷叶（选用）
<做法>
将材料用电动搅拌器搅拌均匀后冷冻。从冷冻室取出后，15分钟左右食用味道最好。

夏天，我喜欢把甜酒和无添加豆浆按1：1的比例混在一起喝。

冬季夏季常喝甜酒，做个"肠美人"

　　甜酒美味可口、营养丰富，我非常喜欢。可以直接饮用，冬天可以加一些生姜，夏天可以兑些豆浆。我儿子觉得直接喝会有点"甜得发腻"，但貌似加一些豆浆，味道就能缓和不少，所以他每次总能喝下不少。

　　晚上就寝前，把做甜酒的食材放进保温壶里，这样早上就能喝上做好的甜酒了。刚做好的甜酒味道简直太棒了。

　　甜酒可以调整肠道环境，其中的酵素可以促进食物的消化吸收，对暑热引起的身体乏力、疲倦、不思饮食等症状能起到很好的预防作用。肠胃健康，身体才能健康，皮肤才能焕发光彩，所以我打算平日里要多摄入一些发酵类食物才好。

做法

①面粉和盐搅拌均匀。加入90克的水，用手揉成面团，待面团表面变得光滑后将面团揉成圆形。盖上盖子（或者是保鲜膜）防止水分流失，发酵15分钟以上（趁这个时候准备汤汁和菜码）。

②操作台撒上一些干粉（低筋面粉50克左右），用擀面杖将面团擀平（把面团分成两个，擀起来会更方便。为了防止在擀面团过程中将干粉弄得到处都是，我一般在烤盘上擀面）。

③把面团擀成3毫米厚的面皮后，将面皮折成三折、切成四条。放入开水中煮13分钟左右，然后用冷水冲洗面条，这样可以去除面条表面的黏滑感。

可以用来做盖浇乌冬面或是冷乌冬面。面泡久了容易变得不筋道，建议即食、即煮。

<材料·2人份>
中筋面粉200克（或低筋面粉100克+高筋面粉100克）、盐10克

简单！自制手工乌冬面

"自己做乌冬面，会不会太难了啊？"看了我博客的朋友惊讶地说道。我劝她说："真的非常简单，一定要试一试哦！"，几天后，朋友发来照片，开心地说："做好啦，真的很好吃哦！"。

其实真的非常简单，用家里的食材30分钟就能搞定。比起市面上卖的乌冬面，自制乌冬面口感爽滑，嚼劲十足，非常美味，孩子们也十分喜欢。如果有时间的话，我一般都选择自己手工制作乌冬面。

面包、点心也如此，在家自己手工制作的食物，不含任何来路不明的添加剂，吃起来非常放心，而且还能品尝到刚刚做好的食物的美味，简直是太享受了！

和孩子们一起

聚在朋友家，和孩子们一起
做味噌。放在各自家里发酵
好后，再开一次味噌的试吃
大会。真是太有意思了。

用珐琅罐做美味无添加味噌

　　朋友曾送给我一些非常美味的自制味噌，从那之后，我便也开始尝试自己制作味噌。

　　每个人的手掌上都附着着一些菌群，在制作味噌时，很自然的，这些菌群就被带进了食材里，所以即便用的是同样的食材，不同的家庭却能做出完全不一样的味道。所以，每一家人做的味噌，总是自成一派，风味迥然不同。自制味噌比起市面上卖的便宜不少，做起来也不会太麻烦，而且非常非常的好吃！

　　"希望家人都能喜欢我做的美味味噌酱！"我愿怀着这样美好的期许，继续酿造出属于我们家独有的味道。

做法

①大豆洗净，放进是大豆重量3倍的清水中泡发一晚。换上干净的水，加热，撇去浮沫，将大豆煮至软烂。期间，在碗里把米酒曲和盐（200克）混合好。

②把大豆晾在笊篱上（煮好的汤汁留下），冷却后放入珐琅容器里，用手把大豆捏碎（也可借助道具），放入拌好了米酒曲的碗里，搅拌均匀。不断加入煮好的汤汁，搅拌、揉软。

③用手把酱揉成棒球大小，弹进干净的珐琅容器里。均匀地压实，中间不要留有空隙。

④用手将表面压平。在酱的表面严实地盖上保鲜膜，再在表面均匀地撒上800克的盐。将容器边缘消毒后密封，放在阴凉的地方保存。

材料（酿制2千克味噌）

米酒曲500克、大豆500克、盐1千克

完成

放置半年以上就做好了。如果表面有霉点的话就把它去掉，用刮刀从下往上充分搅拌味噌酱。

我用的是直径为18厘米的圆形野田珐琅储物罐。它可以一物三用，既可以用来当做煮大豆的锅、搅拌碗，也可以做保存容器用。里面可以放下整整3千克的食物。

金平牛蒡

金平牛蒡炒饭

把金平牛蒡切成合适的大小。将米饭和打好的蛋液搅拌均匀，和切好的金平牛蒡一起放入锅里炒至"啪啦"作响。如果味道太淡的话，可以加入适量盐、胡椒粉进行调味。如果晚上没有时间做饭的话，用它可以简单凑合一顿。

常备菜的创意食谱

在做早饭时，我一般会顺便多做一些放得住的常备菜。以前，我会在周末的时候一口气做上一些常备菜，但最终也没能坚持下去。如果只是每次做菜时多做一些的话，也不会太费事，所以貌似现在的做法比较适合我。

我会把一部分做好的小菜冷冻起来，或是稍加改动做成点心或是晚餐。

我想把小时候吃过的美食，还有爱吃的妈妈做的料理都分享给我的孩子们。现在我给大家介绍几款深受孩子们喜爱的常备菜的创新食谱。

萝卜干煮物

烤馅饼（5个）

把100克豆渣、50克土豆粉、150克沥干水分的萝卜干煮物、50克水搅拌均匀，做成扁圆形，放入平底锅上把两面煎熟，即成。

南瓜煮物
烤红薯

南瓜红薯沙拉

把南瓜煮物和烤红薯混合均匀，加入泡过水、去除涩味的洋葱薄片，再加入蛋黄酱搅拌均匀，就这样，简单、美味的沙拉就做好了。

关东煮

咖喱乌冬面

做法很简单，在关东煮吃剩的汤汁里，加入猪里脊、胡萝卜、大葱、咖喱粉、冷冻乌冬面就可以了。乌冬面充满了十足的关东煮味。儿子说："我喜欢吃关东煮，但我更喜欢吃放在关东煮汤中煮的咖喱面。"

羊栖菜和大豆煮物

羊栖菜可乐饼

把土豆煮熟后去皮、压碎，和煮羊栖菜搅拌均匀后，揉成圆形，裹上面衣入锅油炸。我认为煮物的味道已足够美味，不过要是觉得味道太淡的话，可以加盐和胡椒粉调味。

用高汤残渣做木鱼花昆布

<材料>
切碎的昆布、木鱼花、1/2杯水、酱油1大匙、味醂1大匙、酒1大匙、砂糖1/2~1大匙（所有调料量都加倍的话，味道会更浓）、白芝麻适量
<做法>
把所有食材倒入锅里，用小火把水分煮干。撒上芝麻后装进瓶子里，放进冰箱里保存。

让所有食材物尽其用

蔬菜皮营养价值非常高，所以我一般会尽量选择买无农药蔬菜，然后连皮一起食用。但是有的料理，去皮或去根的话会更方便烹饪。

我会用食物搅拌机把蔬菜打碎，放在咖喱、意面、饺子等食物里食用。吃剩的，就冷冻起来保存。

用高汤煮过的昆布、木鱼花、杂鱼干等也先保存下来，可以用来制作佃煮（以盐、糖、酱油等烹煮鱼、贝、肉、蔬菜和海藻而成的日本料理）或是拌饭料。如果把它们当成垃圾扔了未免可惜，把它们做成既美味又营养的佳肴，又省钱又环保，优点不一而足。

即使是很难处理的皮和根部，也舍不得扔。

用食物搅拌机把它们打碎，不用的话就冷冻起来。

用蔬菜的"边角料"做成的咖喱

在做咖喱时，加入打碎的红白萝卜皮、包菜心、西蓝花根茎、大葱绿色偏硬的部分、多余的生姜、大蒜等。这样不仅营养丰富，而且各种蔬菜的甘甜也会让咖喱变得十分美味。

用白萝卜叶做的饭团

将白萝卜叶焯水，再沥干水分，切成末，入锅炒干水分后加入米饭并加适量盐调味，这样就可以做成早餐饭团了。根茎菜的叶子营养都很丰富，像是芜菁的叶子之类的我都会留下来做料理。

用胡萝卜叶做的煎鸡蛋

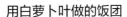

把胡萝卜的叶子切成末，加入盐和白芝麻调味后放入锅内炒干水分。除了可以用来做煎鸡蛋外，还可以用来做拌饭料或是拌在纳豆里食用。

可以在胡萝卜的叶子里加入木鱼花、酱油，和小杂鱼一起炒，味道也很不错。

⊹ 忙碌日子里的固定菜谱

每天下班后，我从幼儿园接上女儿，然后再回家做晚饭。儿子忙于参加各种兴趣班，也没有太多时间能坐下来好好吃顿晚饭，所以做起来简单、吃起来也简单，而且分量还够大的盖浇饭是我家晚餐桌上的常客。

其次就是提前做好的小菜和配菜丰富的味噌汁。早上多做一些味噌汁，晚上下班后只要把冰箱里的裙带菜、豆腐、油炸豆腐、作料等加一些进去就可以了。

我会尽量简化晚上的家务活。我和孩子们在外一整天，晚上都已疲惫不堪，所以为了保证第二天照样充满活力，头一天晚上还是不要太透支体力，好好休息才是。

蔬菜肉末意大利面

把肉末和冰箱里的茄子、青椒、洋葱等蔬菜放入锅内翻炒，再依次放入欧式汤汁、番茄酱、酱汁进行调味，最后拌入煮好的意大利面就做好了。

意大利面选用有机全麦粉制品，欧式汤汁、番茄酱、酱汁也需全都选用不含化学调味料的。

调味简单的烤肉盖浇饭

将猪肉和洋葱进行翻炒，加入酱油和味醂进行调味（只用盐和胡椒粉进行调味也很美味）。在米饭上铺上足量的生菜，把炒好的洋葱猪肉盛在生菜上，再放上一个半熟的鸡蛋。

不用开火也能做成的小沙丁鱼盖浇饭

在米饭上放上切成细丝状的海苔、小沙丁鱼、木鱼花、秋葵、纳豆、用刀背拍打过的梅肉就可以了。如果觉得味道不够的话，可以加酱油调味。

选择能凸显食材原味的调料

我推崇烹饪调味要尽量简单一些，要能品尝到食材原本的味道才好，所以，在选购调料时，我决定只买"少量的高品质的调料"，而且尽量选购不含任何添加剂的日本产调料（如果是外国产的话就选择有机栽培的）以及价格不会太贵的商品。

沙拉调料和蘸面汤汁，在每次需要用的时候手工调制。

在调制沙拉调料时，要注意好加入适量的酸味、油分、盐分。比如，将柠檬汁、橄榄油、酱油搭配在一起，当然还可以尝试其他各种搭配方式。制作蘸面汤汁，如果把干香菇、木鱼花和昆布头一天就浸在水里放在冰箱保存的话，汤汁会格外的鲜美，最后再加入一些酱油和味醂就可以了。

另外，自家制的万能调味料是我家冰箱里常备的调料。虽然制作起来非常简单，但用途很广，可以用来做炸鸡块的底味，还可用于做炒饭、意大利面、沙拉、肉类料理等，我非常爱用。

酸味	油	盐	其他

有机纯苹果醋和100%纯柠檬汁可以使沙拉调料的味道变得酸爽。

菜籽油、橄榄油、芝麻油均可作为调味用油。

有机生酱油和烧盐能给食材提味因为生酱油未经加热，所以富含很多活的乳酸菌、酵母菌和酵素。

想给菜品增添香味和浓醇味时，可以使用味醂。制作它的原料只有三种：无农药有机栽培的糯米、米酒曲、烧酒。

万能调味料

把酱油和切碎的生姜、大蒜、紫苏末装进瓶子里，万能调味料就做好了。大蒜的用量稍微调整一些，这样在早餐时也可食用。在切碎蔬菜前，记得把水分擦拭干，这样做好的调味料能保存很长时间。

柠檬盐和盐酒曲

柠檬盐的做法很简单，把切碎的柠檬和盐混合搅拌均匀就可以了。盐大概是柠檬量的20%左右。它很适合用来做肉类和鱼类的料理，放在意大利面里也很好吃。我有时也做盐酒曲和酱油酒曲。它们除了可以用来腌肉以外，还可以在很多料理中起到盐或酱油的作用。

按万能调味料：酒=1:1的比例调制酱汁，把鸡肉放在里面腌制1小时以上，裹上土豆粉入锅炸，美味炸鸡就做好了。

刨木鱼花

照片中的我正和孩子们一起挑战刨木鱼花，但刨好的木鱼花不是太短就是太厚，总也达不到理想的状态。看来要想掌握好这门手艺，我得多多加强训练才是。

味噌汁的高汤

在锅里放入水、昆布和杂鱼干，直接把整锅食材放入冰箱。次日清晨，把笊篱取出就可以开始制作味噌汁了。直径18厘米的锅里，放这个"无印良品"的笊篱刚刚好。

天然食材熬制的高汤，带来醇厚的口感

晚饭后，收拾好厨房，我便开始准备第二天早上要喝的味噌汁高汤。准备工作很简单，在锅里放入水、昆布和杂鱼干，盖上盖放进冰箱里就可以了。无需加热，第二天一早美味的高汤汁就做好了。没有了熬煮的麻烦，非常省事。而且，浸泡杂鱼干时，不需要去掉小杂鱼的头部，也不会产生因熬煮而带来的鱼腥味。这种做法虽然简单，但效果却很好，做出的味增汁也非常的鲜美。

最近，我把家里从来没用过的木鱼花刨箱翻了出来准备用。但是要想把木鱼花刨得又薄又长可真不是件容易的事，所以我最近一直在和孩子们一起练习。用刚刨好的木鱼花来做木鱼花拌饭，味道格外好。

壶里常备三年番茶，身体自然好

我每天起床后的第一件事，就是煮好三年番茶，再把它倒进水壶里。我家没有烧水壶，所以煮茶都是用锅。饭后或者口渴时，都会喝上几口。水壶和水杯里的茶我可以在一天内喝完。

三年番茶，取自绿茶的茶叶和茶梗，是在阳光下晒干后，发酵三年而形成的粗茶。这种茶不苦不涩，味道非常的柔和，我和孩子们都很喜欢。而且，它不含有咖啡因和茶多酚，所以，孩子和孕妇都可以放心饮用。

每当感到疲劳的时候，我都会在早餐前用这种三年番茶来做一种叫做"梅酱番茶"的饮品。这种茶饮不仅味道可口，而且能让身体由内而外的暖起来。

用自制糖浆做柠檬茶

三年番茶和柠檬也非常搭配。我有时把家里做好的柠檬糖浆里的柠檬片放进茶里，这样就可以做成柠檬茶了。这样做成的柠檬茶味道酸甜，香气清新，儿子也非常喜欢。

温阳驱寒的"梅酱番茶"

将3滴生姜汁、1个咸梅干（中等大小）、1~2小匙酱油混合均匀，倒入一杯热腾腾的三年番茶中，"梅酱番茶"就做好了。儿子一般会把它稍微冲淡一些喝。据说"梅酱番茶"有预防感冒、消除疲劳、治疗头疼和怕冷等功效。

每天的餐桌上加一些干货

干货可以在常温下保存很长时间，一年四季都能用到，非常方便。它富含植物纤维、钙、矿物质、铁等营养成分。特别是豆类，可以用来做多种料理，如烩饭、法式浓汤、沙拉、煮物等，使用频率非常高。

我小的时候，母亲也经常用干货来做料理。萝卜干、羊栖菜、高野豆腐、干豆子、干香菇……对我来说，用干货做的煮物，有一种能让人无比放松的妈妈的味道。

如今，我也有了自己的孩子，我也想每天都用干货来做一些料理。这样的料理味道醇厚，即使口味淡的干货料理也很好吃，孩子们吃起来总是那么津津有味。

早餐里也少不了

如果冰箱里的食材很少的话，干货就能派上用场了。照片里的早餐有：高野豆腐丝炒青椒、糖煮金时豆。

这是我常备的一些主要的干货。昆布和干香菇放在保鲜盒里保存。萝卜干、羊栖菜和高野豆腐，一次用一整袋。

经常食用各种豆类

白芸豆浓汤

把泡发好的白芸豆熬煮成浓汤。加入炒过的洋葱和豆浆，味道会更棒。用欧式高汤或盐调味，最后加入黑胡椒碎。

（左）把要用到的豆子保存在"无印良品"的密封容器里。（右）使用保温壶的话，可以缩短熬煮时间。把豆子倒入保温壶里，用开水浸泡一晚，第二天一早豆子就能泡发得十分软糯。

红小豆粥

将200克的红小豆洗一两次去除涩味，放入保温壶里泡发一晚至软糯。将红小豆与泡发的水一起倒入锅里，加入100~200克甜菜糖和少许盐（如果有必要的话可以加入适量的水）进行熬煮，这样赤小豆粥就做成了。再把煎过的年糕放在粥上，即可。

金时豆沙拉

把用盐水煮过的金时豆和煮熟的西蓝花、胡萝卜搅拌均匀，做成沙拉。沙拉颜色鲜艳，非常适合当做早餐。

为了家人的健康，精心挑选食材

去年生完女儿后，我便开始利用日本消费生活协同组合联合会的宅配服务来购买食材。"新鲜采摘的有机蔬菜套餐"里主要都是些时令菜，比起自己选择蔬菜，这种套餐里的蔬菜种类更全，我很喜欢。这次会寄来什么样的蔬菜呢？要做些什么料理才好呢？每次我都会充满期待。

我家很少在外用餐，这方面花的钱不算多，所以在购买食材时，我不会只关心价格，而是会关注原材料和生产厂家等信息。食物造就我们的身体，我会尽量选择质量好、吃起来放心、安全的食物。

对于我来说，没有比家人每天都能享受到美食，而且能吃得健康更幸福的事了。

新鲜采摘的有机蔬菜

送货到家的"新鲜采摘的有机蔬菜套餐"里包含七八种时令菜，价格在6元左右。比起自己选择，这种套餐品种丰富，营养摄入也更全面。

可以重复利用的纸盒和塑料袋等，可以回收给送货上门的配送人员。

花点小心思保存气味芳香的蔬菜

小葱、紫苏、大蒜等气味芳香的蔬菜，可以起到提味的作用，还能使菜品颜色显得更加鲜艳。

但是，这些蔬菜每次使用的量不大，稍不留意，吃剩的蔬菜很可能就烂在冰箱里了。为了防止这种事情发生，每次买来气味芳香的蔬菜，我都会一次性把它们全部切好，然后把它们保存好，随用随取。

比如，把小葱切成末，放入玻璃容器里保存，这样可以随时用于凉拌纳豆或是豆腐，忙的时候用起来就更方便了。用厨房用纸吸去多余的水分，这样可以保存更长的时间。

我会选择不会使其腐烂和使用方便的保存方法，好让这些蔬菜可以一直保持新鲜的状态。

将紫苏立在瓶子里

瓶子里装入少量的水，把紫苏立在瓶子中，梗浸在水里。盖上盖放进冰箱。

将小葱全部切成末

把小葱切成末后放入玻璃容器中。盖上一层叠好的厨房用纸，再把容器翻过来放置在冰箱里保存。这样能延长保存时间。厨房用纸如果湿了就换一张。

将大蒜放进冰箱里

大蒜每次的用量很少，所以总容易剩下很多。可以把剥了皮的大蒜装进容器里，放进冰箱里保存。要用的时候直接拿出来切成末或磨成泥就可以了。

韭菜沥干水分后冷冻保存

韭菜非常容易腐烂，洗好后要把水分沥干，切成三四厘米长的小段后冷冻保存。要用的时候晃动容器，韭菜就能散开，用起来很方便。

家事尽力而为，尽情享受育儿的乐趣

　　我有两个孩子，一个快11岁了、一个快1岁了。去年生了小女儿以后，在一天天的忙碌与喧哗中，我也看着孩子们一天天慢慢地长大。

　　能做到家事、育儿两不误自然是最好的，但对于我来说，这几乎是无法实现的。孩子的成长速度非常快，孩子们长得越大，作为家长能为他们做的事也就越少，所以，我希望在孩子们最需要我的时候，尽情地去呵护他们、宠爱他们，在育儿中发掘无限的快乐。我想，至于家务活的话，尽力而为就好，不要勉强，每天把自己能做的都尽量完成，这样的生活方式应该问题不大。

　　家人的幸福便是我的幸福。这个道理也适用于孩子们，如果母亲每天都很开心的话，孩子们的心情自然也会无比愉悦。所以，我力求做到享受家务活和育儿。当然，这其中也会产生无数的烦恼、懊恼与泪水。但是看着孩子们一天天的成长、看着他们的笑脸、听着他们的声音、拥抱他们时闻着他们的体香，这一点一滴都是这般可爱，他们总是给我带来无限的能量。我会好好守护此刻小小的幸福，和孩子们一起开心地生活。

　　结束了一天的劳累生活，看着摆成"大"字形睡得正酣的孩子们，我心中总是充满了感激。你若安好，便是晴天，我不断在心中细细品味这小小的幸福，慢慢进入了梦乡。

第三章

打造舒适生活，从整理开始

移动式篮子：收纳小帮手

天然材质的篮子，外表可爱，结实耐用。可以带它出去购物或是在野餐时使用，同时，它也是个非常方便的收纳容器，在我家随处可见。

不用的话，可以把篮子叠放起来放进壁橱里，因为方便移动，所以比起位置固定不变的收纳家具来说，它可以灵活应用于房间的任何一个角落。

朋友来访时，可以用空篮子来装朋友的随身物品，还可以把家里散乱的杂物一口气收纳进来。空篮子可以用来应对各种场合，非常方便。

手工精心编制的美丽的篮子能带给人一种淡淡的温暖，让人越用越喜欢。

尿布替换套装篮

布制尿不湿和臀部用湿巾放在竹篮里。因为每天都要用很多次，所以竹篮直接放在外边，小宝宝去哪，篮子就跟去哪，移动式的设计让这款篮子在使用时非常方便。

洗衣篮

这个篮子一般都空着，用来临时收纳晾晒好的衣服。朋友突然来访时，可以用来收拾屋子里散乱在外的杂物，非常方便。

我有各式各样、形状不同、大小不一的
篮子。右端方形的购物篮里放着从图书
馆里借来的书，小兔子形的、圆形的篮
子里放着女儿的玩具。儿子的房间里也
放着一些篮子，用来装过季的衣服、学
校的道具还有玩具等。

一盒一类

我决定在每个盒子里只装一类物品。这样，在打开盒子时，盛装的物品一目了然，拿取也非常方便。照片从左往右是家电的保修单（放进B5纸大小的塑料袋里再对折一下）、标签打印机、各种充电线、备用的文具。

给物品规定指定席，从此告别"找东西"

在我家的衣帽间里，摆着很多颜色、形状一样的宜家收纳盒，这样看上去会显得特别的整齐、清爽。

盒子上都附有标签，非常适合用来收纳容易遗失的、琐碎的小物品。比如，新年贺片、理发用的推子、标签打印机、各种充电线、家电保修单、备用的文具等各种东西。

这里的收纳原则是，每个盒子里只装一类物品。即使盒子里还有剩余的空间，也绝不用来放其他种类的物品。这样的话，收纳不会显得杂乱，拿取也非常顺手。孩子们需要使用的话，只要照着标签，就能找到想要的东西。

统一使用相同大小的盒子

使用统一的收纳盒，一打开柜门就能看见美观、整齐的收纳空间。左下方的行李箱里装着我和儿子的滑雪服。

按年份把新年贺卡装在不同的袋子里

把每一年的新年贺卡装在差不多大小的塑料袋里，并摆放在盒子里。收到的信件和明信片我都舍不得扔，我都会分类整理好，方便再次翻阅。

壁橱也要整理得当

将壁橱门关上，就眼不见心不烦了，即便如此，我还是希望能把里面收拾整齐。因为如果一打开门就能看见所有的物品都规整得很整齐的话，不论是家人还是自己，心情都会很好。我有时会把壁橱的拉门悉数拆下，擦拭干净后再整理一遍。

我家没有衣橱，衣服全都放在壁橱里。另外，收纳柜的门以及浴缸的折叠盖等，平时都用不上，但却舍不得扔的东西，通通放置在壁橱里看不见的最里侧。

用好的收纳方法所整理好的物品应该既实用又美观。东西越多，整理起来越困难，所以我决定在家里尽量不存放不需要的东西，努力实现收纳七分满的目标。

孩子们的作品，放进满是回忆的盒子里

孩子们画的画、手工作品、奖杯、奖状等，我都舍不得扔，但碍于它们都非常占空间，全都留下来确实不大现实。我会先让孩子捧着它们照张照片，然后把它们暂时摆放在屋子里，最后再放进这个"回忆盒"里。如果盒子满了的话，就挑出一些处理掉。

拆下不用的门，塞进壁橱深处

把儿子房间里不用的收纳柜的门板拆下，塞进壁橱深处。房子是租来的，所以门板肯定是不能扔的。浴缸的折叠盖也塞在壁橱里，放在门板的上面。

过季的衣服

这里放的都是些过季的衣服以及
不太常穿的衣服，比如出席婚礼
时穿的衣服等。安装上一根伸缩
棒，衣物收纳袋可以直接悬挂在
上面。

回忆盒

这里放着属于我和儿子的回忆
盒，以及即将成为女儿的回忆盒
的空盒子。剩下的一个盒子里装
了一些备用的收纳用品。

洗衣篮

傍晚，把晾
晒好的衣服
取下后暂时
放在这里。

我的衣服、小配件

衣服和围巾等竖着排列在
抽屉里。这样找起来一目
了然，拿取也方便。

女儿的绘本

这是我为大爱绘本
的女儿特意准备的
空间（参阅本书第
83页）。

女儿的衣服

女儿的衣服目前一个
抽屉就能装下。女儿
穿不下的衣服就一件
件的送给朋友们，尽
量腾出空间来。

女儿的纸尿裤

平时女儿用的都是布尿裤，但
是夜晚睡觉或外出远行的时
候，也偶尔用纸尿裤。

用智能手机管理衣服的数量和种类

我挑选衣服有五个标准：舒适、合身、易打理、基本款、自己真正喜欢的。

我会给平常穿的每件衣服都照一张相，然后存进智能手机里管理。这样手机能告诉我目前到底有多少件衣服，衣服的颜色、图案偏好等也一目了然。"黑色针织衫不能再买了"，手机也能在买衣服时提供不少参考。

我喜欢把仅有的衣服进行自由搭配，或是搭配上一些小物件，以穿出自己的风格。自己挑选的衣服，我会一直把它穿到不能穿才肯罢休。

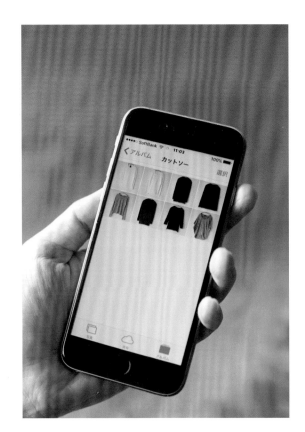

在相册中把各种服饰照片分类

针织纱、外套、短裤、裙子…… 在相册中把衣服分类。比如针织衫，我一年到头穿的就是这八件。夏天为了防止被晒伤、同时也考虑在空调房里的保暖功效，我一般都穿长袖，而且我的短袖只有一件。

试试给简单的衣服搭上小配件吧

我非常喜欢围巾，即使在夏天不忘围上一条。我的衣服尽是些素色或是横条花纹的简单设计款，所以我会在围巾的花纹和颜色上花点心思。再搭配上一些帽子、鞋、包等小配件，这样会显得很时尚。

我会给孩子们挑选一些穿着舒适、易于清洗、方便搭配的衣服。孩子长得快，一般一两年后衣服就小了，所以我每次都尽量不买太多。

手机里只存孩子们平常穿的衣服的照片

儿子只有一双运动鞋。家里就算有再多的鞋，儿子也只会穿最喜欢的那双。所以我们只给他买一双运动鞋，有必要的时候再去买新的。

盥洗室的物品一般收纳在三处：面盆的下方、推车内、洗衣机侧面的柜子里。收纳生活必需品，这些空间足够了。

⊹ 盥洗室，采用"隐藏式收纳"

我曾经很喜欢"展示性收纳"，也效仿过一段时间。但要把物品摆放得美观实属不易，而且对于性格懒散的我来说，打扫工作越简单越好，所以现在在我家主要还是以"隐藏式收纳"为主。

盥洗室里，也尽量不要把物品摆放在外。这样打扫起来非常方便，并且比较容易保持空间的整洁。

牙刷、化妆水等使用频率高的物品可以摆放在外。由于电吹风待机时不费电，所以可以一直插着电源。以前收拾电吹风时，总得花时间卷线圈，现在，能节省不少时间。我会处处花点小心思，这样就能让生活变得更加舒适了。

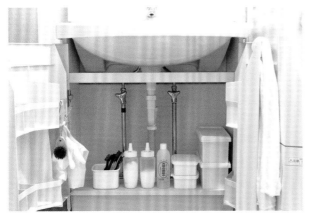

打扫工具等放在面盆下

面盆的下方放有化妆水的替换装、打扫用的刷子、小苏打、柠檬酸等。白色的容器里装着护齿用品、拆下的面盆水栓以及链条等。

洗手的皂液也用来洗澡，如左图所示，可以将它挂在浴室的门上。

毛巾和要洗的衣服放在推车上

推车的下方放着的是"无印良品"的洗衣篮。我有时用它来代替水桶使用。亚麻毛巾叠好摆放在中段，上段放着装有一些小物件的珐琅罐。

洗衣机旁放置储物柜

洗衣机和墙壁之间留有一定的空隙。为了防止底座的防水托盘积灰，我在上面盖了一块从家用杂货铺买来的板子，再在上面摆上"无印良品"的PP（聚丙烯）材质的储物柜（拆除了滚动轮）。主要用来收纳大包装的小苏打和柠檬酸等。

大的珐琅罐用来装化妆工具，小的用来装束发带。

夏克风椭圆形工艺盒

这款工艺盒柔顺的曲线非常优美，不论是盖上盖还是打开盖，都显得十分精致、优雅。我一般用它来收纳母子手账、药品手账等重要物品。

喜欢的收纳用品，用起来也格外贴心

在我家，摆放在外的收纳用品，如小手袋、小物件收纳盒等，多为木质、皮革质或布质。我喜欢木头或草做的小物件，它们历经岁月的洗礼，能呈现出细腻而丰富的质感，总是让人爱不释手。对于喜爱之物，我总不忍舍弃。

小手袋，我用的是布质的。经常用的手袋有时会磨出破洞，但因为清洗方便，所以即使破了，我也会稍作缝补接着用。

生活中若能有些喜欢的小物件常伴左右，每天的心情就能变得格外的好。我总想着要把它们用到天荒地老，所以对待起来也是分外小心。愿我能好好珍惜这些心爱小物，细心过好每一天。

旧竹篮

这是在二手工具店发现的竹篮，它可以放在日式房间里，也可放在西式房间里，无论放在哪都很合适。收下一堆晾晒好的衣服，把它们扔在篮子里，感觉真是再适合不过了。

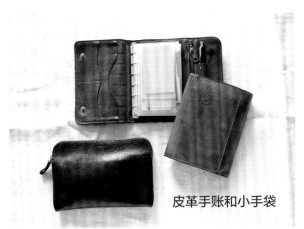

皮革手账和小手袋

我有两本完全一样的皮革手账。照片上方的用来分类收藏我和孩子的处方单，右边的用来记录我日常的行程安排。下方的小手袋主要用来装存折。

我的包里，一般装着小手袋、钱包、钥匙包、手账、手绢和手机。有时还会装水壶、便当，还有要还给图书馆的书等。为了出行轻便，我会尽量控制随身携带物品的数量。

文件只保存电子版

纸质的文件越多，整理起来就越麻烦。比如说，家电的使用说明书。买来不多久就被闲置一旁，无人问津。所以，我会从网上把各种家电的使用说明书下载在手机的APP（我使用的是"Google Drive"）里，实物就直接扔了。

此外，小学和幼儿园发的一些文件也都存成电子版进行保存。名册、入园许可证之类的，想好好保存的一些文件，就用扫描仪扫描成电子版。每月快讯等需要临时保存的文件，就用手机把它们拍下来进行保存。

这样，家里的文件就不会堆积如山了，出门在外也能随时查阅，而且总能轻松找到想要看的文件。

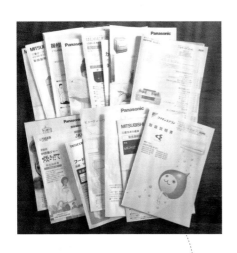

家电使用说明书

烤面包机、体重计等操作简单的家电，使用说明书本就没有太大的参考价值，所以早早地给处理了。其他有必要留存的说明书，就从厂家的官网上下载下来，保存进"Google Drive"里。

孩子们的文件

小学和幼儿园会发来大量的文件。收到文件时，先通读一遍，然后把需要提交的文件填写好，把活动安排和需要带的东西等记在手账里。想要保存的文件就扫描下来或用手机照下来，保存在手机中的记录软件里。纸质版一般都不做保存。

偶尔把收纳物全部取出，并重新整理

打扫收纳柜时，我会把柜子里所有的东西都整理出来。这样方便擦拭柜子里侧，而且还能清楚地知道自己到底存了哪些东西。

把所有整理出的物品都一一擦拭干净、重新叠好再放回原处。如果发现有些东西最近不常用的话，仔细分析不常用的原因，再决定处理方式：修理、另作他用还是扔了。

尽量避免物品长期被遗忘在收纳柜里，时刻注意物品的循环利用，避免造成不必要的浪费。

餐具

这是我家所有的餐具。它们的使用频率都很高。把收纳场所擦拭干净后，再把它们摆放回原处。

盥洗室

盥洗室比较潮湿，我偶尔会把它整个清空，然后把各个角落擦拭干净。放在里面的所有物品都一一擦拭干净再放回原处。这样在打扫时就不会受任何障碍物的影响，还能节约不少时间。

鞋

把鞋柜里的鞋全都拿出来，仔细擦拭鞋柜。不要将鞋柜塞得太满，一般只利用一半的收纳空间，剩下的空间可以用来放置鞋子的护理套装、雨衣或工具等。

玄关是"家的门面"，要时刻保持清爽整齐

玄关决定了家给别人的第一印象。所以，我总希望能把它收拾得干净清爽、舒心怡人。

房间里用不上的东西就不要带进来，在玄关处使用的物品就放在玄关附近。

在墙上装饰上一束干花，鞋柜上放一个可爱的小抽屉，再点缀上几张明细片。我很喜欢岩崎知弘的画，每次看见它，心中总是洋溢出一股暖暖的幸福感。

为了每一位家里的访客、也为了外出归来的家人和自己，我每天早上都会认真整理、仔细打扫"家的门面"——玄关。

凳子用来放包

以前每次回家，我都会把包随意放在餐厅的椅子、沙发、地板等任何一个地方。自从把凳子固定用来放包后，烦恼终于解决了。

便章和自行车钥匙

宅配和传阅板需要用到的带便章的圆珠笔、自行车钥匙等，放在玄关处非常方便。我喜欢把它们放在的抽屉的第一层。装饰用的明信片也放在这一层，我会根据季节的不同，选用不同的明信片来装点空间。

可回收垃圾

在鞋柜的角落，放一个装有可回收废纸的纸袋。我会把从信箱中取出的宣传单直接扔进这个纸袋里，等积攒到一定的量之后，在收可回收垃圾的固定日子里，直接把整个纸袋给扔了。

扫帚和簸箕

用挂钩把清扫玄关和玄关前空地的扫帚和簸箕挂在鞋柜门的内侧。

不易碎的镜子

我一直想在玄关放置一面穿衣镜，无奈家中玄关的位置不够宽敞。于是，我买了块轻巧的"不易碎的镜子"，用强力双面胶把它粘在了玄关旁柜子门的内侧。

不常看的电视机收进箱子里

我家没有每天看电视的习惯。想看的时候，把小型便携式电视机摆出来看就好了。

以前，家里的客厅里摆着46英寸的电视机，电视机平时鲜有人看，而且尺寸还不小，看着就让人心烦。于是我把它送给了家附近的幼儿园，电视柜送给了朋友，这下房子终于清爽不少。以前我总以为"客厅里就该摆个大电视"，但其实不然，人各有异，我家本就没这个必要。

我希望在充分考虑大家的生活方式的基础上，为家人、也为自己打造一个独具风格的、温馨舒适的居所。

充电式的小电视放在一个我在二手工具店找到的心仪的木箱里，里面还一并收纳着笔记本电脑和ipad等。想看电视的时候，把小电视从箱子里取出来就好。我在木箱底部安了滚轮，这样我可以将它推去任何地方使用。

电视、电脑的充电器以及充电线等，收纳在购置于十元小店的分类收纳盒里。

孩子们用的收纳盒宜选用简单轻巧的桐木小箱

桐木小箱用来收纳孩子们的用品。我很喜欢它们外表美观、分外轻巧但却结实耐用的特点。

儿子房间的桐木箱主要用来收纳他的衣服以及学习用品等。儿子会自己把洗好的衣服叠好放进桐木箱里，容易随手乱放的学习用品也收纳进一半大小的木箱里，这样，写字桌附近就会显得格外清爽。

日式房间里的桐木箱用来收纳女儿的绘本。在壁柜剩余的空间里放一个有一定高度的木箱，这样可以当成书架使用。

我希望结合孩子们所处的不同的生长阶段，不断灵活地改变木箱的摆放方式，以方便孩子们自己动手打扫整理。

换个摆向，大小都匹配

两个小木箱摆在一起，宽度正好和一个大木箱一样。即使需要使用好几个木箱，收纳也不显得凌乱。木箱的收纳用途也很多，用起来非常方便。

女儿的绘本

我在壁柜角落里空余的空间里，用木箱给女儿搭了一个摆放绘本的专用书柜。以后绘本要是多到放不下的话，我就再去买一些木箱回来。

在儿子的房间

（上）儿子平常穿的衣服一共有四套，衣服用木箱收纳，一个木箱装一套，一并收纳的还有便当袋和手绢。（左）里面放了词典、削铅笔机、练习册以及各种兴趣班发的资料等。每次要用的时候，把整个箱子从写字桌旁的柜子里搬出来，准备好第二天要用的东西之后，再把箱子放回原处。

碍眼的充电线，这样收纳才清爽

在客厅的餐桌旁，放着很多电脑的外部设备。机器和充电线等就这么裸露在外，看上去很凌乱，另外我也非常担心女儿会扯充电线玩，所以便用一块胶合板覆盖在上面稍作掩盖。胶合板是在家具杂货店买的，为了不破坏墙壁，没有使用钉子等，直接把板子夹在桌角间。

儿子房间的充电线也非常杂乱，为了把它们遮掩起来，我把便携式电视机和充电线等都装进了葡萄酒箱子里。

把机器和充电线遮掩起来，不仅使空间显得更加清爽、整洁，而且还能有效地防止灰尘的堆积。平常打扫起来也更方便了，生活自然变得更惬意。

客厅

（上）安在客厅的电脑外部设备。不仅外观难看，而且容易被宝宝触碰到，存在一定的安全隐患。
（下）用胶合板做掩盖，能显得清爽不少。但是客厅里没有电源确实不方便，所以我在桌面底部安了一个插线板。

儿童屋

（右）床边的角落里，机器、充电线什么的就这么散乱的堆放一团……
（下）用上葡萄酒箱之后，这个角落终于变得清爽了。葡萄酒箱内很宽敞，不易聚热，还能帮机器挡灰。酒箱上，放着儿子的手机充电器和盆栽芦荟。

第四章

发挥巧思，让做家务更简单

环保亲肤肥皂，全家都在用

　　这是一种叫"森林之友"的液体肥皂。不论是在制造工序还是使用过程中，都不会产生有害物质，而且不伤皮肤，在我家，从洗衣服（孩子的衣服或是时装都用它洗）到打扫、洗餐具（洗碗机里也用它）、洗手、洗澡、洗头发，用的都是它，我非常喜欢。我从不在家里摆放功能各异的各种洗液，这样做节省了很多空间，而且不论洗什么，我都可以拿起液体肥皂就用。

　　用起泡瓶装好一瓶液体肥皂，放在浴室里，可以用来洗头、洗澡、还能用来清洗浴缸。用它洗衣服，不用添加柔顺剂，衣服照样能洗得蓬松柔软。

　　用它来打扫卫生时，根据污渍的不同，选择不同的使用方法。例如稀释原液，和小苏打或是柠檬酸等一起使用。

从洗餐具到洗衣服、到打扫卫生，全靠这一瓶

制作液体肥皂时，所采用的原材料只有两种，那就是松树的树液和水。松树采用无农药栽培，所以不用担心土壤被污染的问题，松树的树液据说是在生产纸浆时利用残渣而获得的。这种液体肥皂不爱起泡，洗衣服只需要漂洗一次就行。洗手和洗澡用的起泡瓶里，装的是用水稀释了3倍的液体肥皂。

用柠檬酸擦拭榻榻米

我一般会用吸尘器或是扫帚来打扫日式房间，偶尔也用柠檬酸水来擦拭榻榻米。柠檬酸有抗菌功效，可以有效地防止霉菌的产生，用它打扫过的日式房间也会显得格外清爽。

柠檬酸、小苏打轻松用

将柠檬酸和小苏打装在透明的蜂蜜瓶里。小苏打可以用来擦拭烧焦的锅具。将柠檬酸用水稀释后装进喷壶里，每天打扫厕所时都用得上。

给不锈钢除锈

不锈钢水槽、厨房剪刀中部的衔接处等地方容易产生锈斑，用除锈橡皮擦和刷子就能把它们清洗掉。洗手池上残留的发夹的锈迹（外来锈迹）也能轻松去除。橡皮擦够不着的角落，可以用小苏打和钢丝刷来处理。

工作日

05：00　起床
　　　　淘米、把锅从冰箱里取出
　　　　洗衣服
　　　　打扫厕所和玄关
　　　　给阳台的植物浇水

（把冷冻的食品放进冷藏室、腌肉）

05：30　准备做早饭
　　　　开始用电饭煲做饭
　　　　提前准备晚饭（部分准备工作）
　　　　晾晒衣服
　　　　自己穿着打扮好准备出门

06：30　孩子们起床
　　　　吃早饭

07：00　早餐后收拾整理
　　　　简单打扫厨房
　　　　用吸尘器吸尘
　　　　给女儿梳妆打扮

（把吃饭时沾在掉下食物的地板等擦干净）

07：30　把女儿送去幼儿园
　　　　上班

生活时间表

　　我每天五点起床。每天我总是迎着朝阳，抖擞精神，尽量在孩子们起床前多做一些家务。

　　我每天早上九点上班、下午五点下班，每天下班后，能和孩子们在一起玩耍的时间也只有2.5小时。一到家，我会先给孩子们一个大大的拥抱。随后麻利地解决好晚饭，再和孩子们一起泡会儿澡。

　　孩子们入睡后，把一些必要的家务活做完后，剩下的时间就完全属于我了。读书、做手工、SNS……想做的事不计其数，但有时实在疲惫，想着第二天还有工作，只好早早就寝。不论晚上多么精疲力尽，第二天一早总能满血复活。

17：10　下班
　　　　去幼儿园接女儿

18：40　回家
　　　　收下晾晒的衣服
　　　　准备做晚饭

如果衣服还没干的话，就挂进室内

19：00　吃晚饭

19：30　洗澡、刷牙

20：00　亲子时光

21：00　女儿就寝

把豆子放进热水里浸泡、把味噌汁的高汤放进冰箱里

21：30　儿子就寝
　　　　晚餐后收拾整理
　　　　简单准备第二天的早饭
　　　　折叠洗好的衣服
　　　　属于我自己的自由时间

22：00～24：00　就寝

孩子们入睡后做做手工等

孩子们入睡后，我就能尽情享受属于自己的自由时光了。把手工道具拿出来、缝缝补补，更新更新微博客，读一读从图书馆借来的图书。结果也总是不一会儿就抵不住困意，早早进入梦乡。

洗碗机：我的好搭档

忙碌时，洗碗机总能帮上大忙。用它洗碗，我就有时间忙活其他家务了，这样既可以省水、不伤手、还能缓解压力。所以说，洗碗机是个非常实用的厨房用具。

头天晚上准备好味噌汁的高汤

淘米，从冰箱里取出做味噌汁的锅具，这就开始做早饭了。头一天晚上，提前把装有水、昆布、杂鱼干的锅放进冰箱里，这样第二天一大早美味的高汤就做好了。

打扫房间的诀窍：及时清理污渍

用来更衣、梳妆打扮的盥洗室非常容易藏污纳垢。为了保持室内清洁，我总是尽量及时进行清理。所谓的清理其实也很简单，不用特意准备专用抹布，每天泡完澡后，顺便用擦身体的毛巾简单擦拭几下便好。这个小习惯每天只要花上一两分钟，一点也不麻烦，每天坚持的话，毛巾都不会变脏。

每天早上我都会打扫卫生间。关于打扫卫生间，我家的原则便是：使用完后一定要查看是否有污渍，一旦发现，立刻用马桶刷清理干净。

及时清理污渍能让打扫变得更轻松，更重要的是，它能让我每天都心情舒畅。

每日打扫

- 擦拭灶台（烹饪时）
- 清洁水槽
- 吸尘（有需要的地方）
- 擦地板（仅限于厨房操作台前及女儿椅子底部周边）
- 清扫浴缸（儿子泡完澡后）

泡完澡后迅速简单擦一擦盥洗室

泡完澡后把头发吹干，用擦身体的毛巾，按照镜子→洗衣机上方→面盆→地板的顺序，大致擦拭一遍。擦完身体的毛巾略微有些湿，所以擦起来也很方便。每天都擦的话，盥洗室基本上不会产生什么污渍。

卫生间、玄关的地砖

卫生间的抽水马桶座圈内侧、水槽、马桶前的地砖等处，我每天早上都会打扫一遍，除此之外的地方每周彻底擦拭一遍。最后再用湿抹布擦一遍玄关处的地面，之后就可以把抹布清洗后晾干待用。

让室内晾晒更惬意

　　人在睡觉时出的汗大概能有一杯左右。我觉得孩子更爱出汗，遇上夏天就更别提了。即使"想在天气好的时候晒晒被子"，因为要去上班，也不能把被子就这么一直晾在阳台上。如果是白天很短的季节的话，傍晚湿气会很重，夏季的话又会碰上雷阵雨。所以，在工作日，我会在家里阳光不错的地方支一个衣架来晒被子。

　　这个衣架带滚轮，移动起来非常方便，而且还能用来在室内晾晒衣服。女儿出生后要洗的衣服多了不少，所以即使天气不好，我也会洗衣服，然后利用能夹在门楣上的晾衣架来晾衣服。

门楣挂钩很方便

这种挂钩能安装在门楣上，非常方便。可以在上面挂一个多功能衣架。如果感觉收下来的衣服有点湿的话，可以暂时把它们挂在这里晾一晾。在门楣上安装两个这种挂钩，中间再穿上一根绳子，这样应该就能晾晒更多的衣服了。

室内晾晒被子

把衣架拖到阳光充足的窗边，晒好被子后再出门。如果预感当天要下雨的话，我有时也会把洗好的衣服挂在这。铁质的晾衣架造型非常简单，就这么摆放在外也不会碍眼。

用吸尘器打扫厨房

我家冰箱旁放着一个无线吸尘器。饭后随手拿来把厨房打扫一遍，完全不费事。吸尘器可以用强力磁铁挂钩挂在冰箱上。

花点心思让做家务变轻松

做家务，不能被旧观念束缚住，偶尔大胆尝试改变做法，能让家务变得格外轻松。

从前使用有线吸尘器时，我把吸尘器收纳在起居室的收纳柜里。因为拿取和收拾都非常麻烦，所以在不知不觉中，即使看见撒落一地的食物残渣，也懒得去清理。有时，用过的吸尘器也不爱收起来，就这么摆放在外。

自从换了无线吸尘器，只不过把它从起居室转移去了厨房，打扫便轻松了不少，房间也总能保持干净整洁的状态。发现地上掉了一点食物，想简单用吸尘器吸一吸的时候，随手拿来一用即可。

研究适合自己的做法，简化繁杂的家务，这样就能在家务中享受到更多的快乐。

拆下洗手池的塞子，方便打扫

洗手池里的塞子和链条，仔细想想，其实除了可以用来给洗手池蓄水以外，也并没有其他用处。我把它们拆了下来，收进了洗手池下面的柜子里。少了塞子和链条的洗手池看上去更清爽了，而且打扫起来也更方便。

用毛巾当做浴室地垫

我家没有浴室地垫，将盥洗室里用了一天的毛巾折一折，刚好可以当地垫用。尽量精简使用的物品，这样能省去不少清洗的麻烦。

儿子的衣服，让他自己叠

洗好的衣服晒干后，我会把儿子的衣服收进儿子的房间，晚上，他会自己叠好衣服，再把它们收拾好。为了让儿子更独立，我打算从他读小学开始，不断培养他的动手能力。

不在卫生间里放毛巾和地垫

在卫生间洗手的话，四溅的水花总是弄湿墙壁、地砖和马桶盖，从而形成污渍。所以我一般只在洗手池洗手。这样就没了水花四溅的烦恼了。不在厕所放毛巾的话，也省了换毛巾和洗毛巾的麻烦。为了方便打扫，我也没在卫生间里铺地垫。

并非是大扫除，不过是一周一次的小清扫

我一般不做大扫除，而是在每周周日早上花上30分钟，对一些觉得有必要清理的地方来一次"小清扫"。比起要一次性清理完变得顽固难除的污渍来说，这种方法轻松不少。

要打扫的地方非常多，下面的这些地方，我会根据污渍的情况选择是否打扫：

- 冰箱内　　　• 纱窗　　　• 照明器具　　　• 洗衣机内筒　　　• 换气扇的外罩　　　• 窗户
- 窗框　　　• 榻榻米专用抹布　　　• 灶台下　　　• 浴室

清扫的时候，我会把装在所要清扫的物品里面的物品全都清出来，并把能拆的部件全都拆下，把每一个角落都彻底清理一遍。

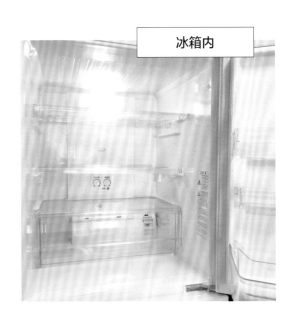

冰箱内

把所保存的物品都取出，擦拭每个角落

每次我都是瞅准冰箱里东西所剩无几时，再清理冰箱。把冰箱里的物品都清出来，擦干净每样物品，冰箱里的托盘也都拆下水洗，晾干后再装回原处。

把空荡荡的冰箱里的每个角落都擦一遍，不用30分钟就能擦完。

窗框的沟槽

用换下的牙刷来打扫

窗框沟槽的清扫有点麻烦，所以总容易一拖再拖迟迟不愿动手。我决定，在每次换新牙刷时清扫窗框沟槽。清理犄角旮旯处可以用棉棒或牙签，最后，再用水冲洗一遍即可。

俯视清扫后的窗框，没了灰尘和污渍，看上去非常清爽。

纱窗

把纱窗拆下，整个拿去浴室，用喷头冲洗整体，用抹布轻轻地刷洗表面，再用喷头冲洗一遍后，把纱窗安回原处即可。不用肥皂、不用费劲刷洗，瞬间变得干净如新。

起居室的窗户处光线最好，纱窗、窗玻璃如果干净的话，整个房间看上去也会更加敞亮。

浴室

把能拆下的部件全都拆下来进行清洗

在浴室里，越是隐蔽的地方，越容易堆积湿气、藏污纳垢。把能拆下的部件全都拆下来进行清洗，比如浴缸的外侧遮罩。等清洗干净的部件彻底晾干后再安回原处。

浴室焕然一新，会让人心情无比的惬意。建议大家选择在天气好的时候清理浴室，记得要把家里的窗户全都敞开。

悬挂式收纳法，可预防发霉

我家浴室里只放了三样东西，一个洗面盆、白抹布（打扫用）和泡沫洗液（用于洗澡、洗头发和打扫）。为了不让它们产生黏滑的手感以及霉斑，我采用的是悬挂式收纳法。洗面盆是（品牌：RETTO），它表面平整，不容易藏水垢，还能挂在挂钩上，非常方便。

排气扇的外罩

拆下螺丝，在浴室里水洗

把盥洗室、厕所、浴室三个房间的排气扇外罩拆下来水洗。排气扇如果脏了的话，就一并拆下来清理一遍。比起用抹布擦排风扇，直接用喷头冲洗能更快地清理掉堆积的灰尘。

如果外罩是用螺丝固定的话，用螺丝刀把它拆下。

如果排气扇是用弹簧进行固定的话，只要把外罩往外一拉就能打开。

照明器具

比较贵的照明器具，细致地用干布擦拭

照明器具也非常容易积灰。一有灰尘我便立刻动手打扫。只需要用干布擦拭，灯具就能变得干净光亮。黄铜的吊灯刚开始用时光亮如新，如今却也暗淡雅致得恰到好处。

用扫帚清扫地板，柔和的"沙沙"声、律动感，总是让人感到如此惬意。簸箕（品牌：白木屋传兵卫）。

这是我在创作室自己制作的一个筒状扫帚。可以用它来清扫犄角旮旯，使用非常方便。

匠人制造的手工扫帚，让打扫变得更轻松

以前，每次把坏了的吸尘器送去修理的时候，我总是觉得非常不方便。而且，我家只有一把扫帚，每次用的时候总是需要往返于阳台和玄关之间，非常麻烦。

参加扫帚创作室组织的活动时，匠人的一番话给我留下了极深的印象，他说："扫帚是我们用无农药栽培的扫帚高粱，一根一根亲手编织而成的。"把自己做的小扫帚带回家，用来清扫房间的犄角旮旯、拉门的沟槽，我才体会到它是有多么的好用。于是，我便买了两把单手用小扫帚，一把用于室内，一把用于玄关处，用的时候也格外仔细。

绿色的窗帘

我家餐厅的窗户处，种了些常春藤。最初还不过是些小苗的常春藤，根茎也渐渐地粗壮起来，嫩芽也如雨后春笋般一个个探出了头，不经意间已长得如此茂盛。这些常春藤可以遮阳，还可以遮挡住窗外的视线。

我家种的香草有百里香、迷迭香、薄荷、薰衣草、蓝桉等。薰衣草总是能散发出怡人的香气。新鲜的香草还能在料理中派上大用场。

绿色，我生活的一部分

阳台虽然在室外，却也是家的一部分。如同享受室内设计一般，我也很享受园艺设计。

给绿植换盆，就如同挑选房间的布艺、改变室内布局一般，总让人充满无限期待。

我和孩子们都特别喜欢阳台，在阳台上给绿植浇浇水、晒晒衣服，即使没事也总爱去阳台，闻一闻香草怡人的香气、看一看它们柔和的翠绿，感觉被治愈般舒适。

从房间一眼望去的这一片翠绿，给无趣的房间增添了些许的色彩和温情。愿我的绿植能沐浴着阳光、吮吸着雨露，茁壮成长。

钱包是钱的家

钱包是钱的家。塞满了没用的卡和
票据的鼓囊囊的钱包，就如同堆满
杂物、杂乱不堪的家一般。为了让
宝贵的钱也能有个干净的家，我会
时刻把钱包收拾得清清爽爽。

没有压力的家庭开销管理法

　　数年前，我会把家庭开销都记在家计簿上。但是按我的性格，记录每一份开销都
得精确到1元，所以记录花的时间非常之多，现在的我已经不再用家计簿了。我会先决
定好每月的预算，平时购物尽量使用信用卡。购物明细在网上确认，现金消费记录在存
折上，这样不用家计簿，也能掌握家庭开销。

　　每月生活费的结余（账户里剩的钱），在次月发工资之前，悉数转入存钱用的账户
里。除此之外，我家还有专属孩子们的存款账户（自动从每月工资中归集一部分资金至
该账户）以及我自己的基金定投账户。如果发生特别大的支出的话，就从自己的存款账
户中取钱贴补。

用存折代替家计簿

比如，孩子上小学需要交钱买教材时，就从ATM机上取出相应的金额，在存折上记上"教材费"。把每一次的入账和出账都详细载明，效果和家计簿相差无几。

交易内容	支出（元）	收入（元）
ATM	150	小学（教材费）
DF. 空手道每月学费	457	
ATM	1812	5/8 朋友结婚的份子钱贺礼
ATM	423	（同上）二次聚会费用

4个账户，用途各异

我名下的账户有4个。这些都是与生活息息相关的账户，数量不多，方便管理。
①生活费（伙食费、租金、水电费等）。我也在做投资信托，每月4次以内的转账免手续费。
②用于特别花销的储蓄账户（网络银行）。
③用于定期存款。是我趁家附近的支行做活动时，在定期存款利息较高的时候开设账户。
④生活所在地区的信用金库。用于个人的兼职工作。
另外，孩子们的名下都有自己的账户，我会每月把存款打进他们的账户。

随身携带的卡只有五张

驾照、公交卡、现金卡、信用卡、图书卡。我的钱包一共有13个卡槽，但卡只有这5张。积分卡太多了，所以没有放进包里。我会在手机上下载经常光顾的店铺的APP，用它来管理积分。

防寒保暖，提高身体免疫力

俗话说"体寒是万病之源"。身体暖和了，血液循环就好了，这样五脏六腑才能充满活力，免疫力自然就会提高，身体也就不爱生病了。我会在日常生活中，从饮食、服装等方面，下意识的做到防寒保暖，让身体由内而外的暖起来。

脚离心脏最远，所以特别不容易感到暖和。所以一年四季，我都特别注意给双脚保暖。

如果总觉得身体发冷，预感到自己要感冒的时候，我会喝上一杯萝卜汤，然后早早地上床休息。以前一感冒，我总是立刻寻求药物的帮助，现在的我会通过激发身体的自愈力，来和病魔做抗争。

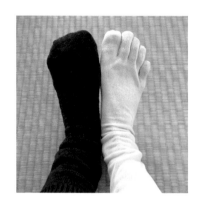

多穿几双袜子

除了盛夏以外，在其他季节我都会穿两双袜子，一双是真丝五指袜，一双是棉袜。五指袜不分左右，没有袜跟，而且不勒脚，穿起来很方便。夏天穿裙子的时候，我还会穿上打底裤。

全天裹腹带

怀孕时用的丝绵面料的裹腹带，我到现在还用着，不论白天还是晚上，一裹就是一整天。哺乳时裹上腹带，肚子也不会着凉。腹带虽然是设计给成人用的，但伸缩性很好，所以我也会给孩子用。

可以用明火加热的暖水壶

不锈钢材质的、可以直接用明火加热的暖水壶，用起来十分方便。凉了的话，就直接放在明火上加热，省了换水的麻烦，能轻松不少，而且水温能一直持续到第二天清早。比起塑料和橡胶材质的暖水壶，不锈钢材质的水壶价格略高，但从使用的难易程度、保温性和耐用性各方面综合考虑的话，我认为它还是非常环保的。

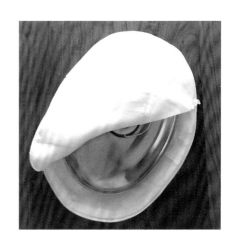

天冷的时候需要久坐办公时，我会把套着隔热罩的暖水壶放进布制的手提包里，然后把脚放进包里取暖。

萝卜汤

如果总觉得身体发冷，预感到自己要感冒的时候，我会喝上一杯萝卜汤。在马克杯里加入3大匙的白萝卜泥（每一匙堆成小山状）、少许生姜泥、1大匙酱油，再倒入约400毫升的热腾腾的三年番茶。不要搅拌，一口气喝完，然后蒙头就睡。

用橘子皮泡澡

橘子皮里含有一种叫柠檬烯的精油成分，据说它有促进血液循环和保温的功效，而且还能预防水垢的生成。用布把橘子皮包好，在热水中不断揉搓，立刻能闻到一股扑鼻而来的清香。

用经漂白的棉布或麻布做婴儿背带

用草木染色法（参阅本书第115页）把经漂白的棉布或麻布染上色，用来做婴儿背带。用背带来背小宝宝，能使宝宝的视线和妈妈一般高，这样宝宝就能和妈妈欣赏到一样的风景了。背带背面的刺绣叫做"背守"，它是一种不让灾难靠近年幼的孩子的护身符。这是日本古已有之的风俗。

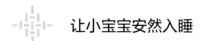 ## 让小宝宝安然入睡

看着安然入睡的小宝宝，疲惫总是会一扫而光，内心变得无比温暖。而且，宝宝睡得安稳，妈妈也能好好放松身体，或是忙活忙活家务。

为了让宝宝睡得舒服，我会选择舒适的床品。宝宝睡着后总爱踢被子或是满床打滚，所以除了夏天，我一般会给宝宝缠上腹带，或是给她穿上睡袋。

白天，怀抱着或背着宝宝时，宝宝总是不知道什么时候就睡着了。外出的时候我会用背带抱着宝宝，做家务时一般就用棉布或麻布背在背上。如果宝宝睡得好，我的心情也会格外的好。

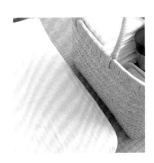

大浴巾

我使用的浴巾两面都是纱布面料，非常柔软。我会把它铺在宝宝睡觉的床单上。浴巾容易沾上口水或汗渍，我每天都会更换。

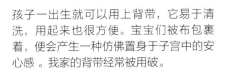

有机睡袋

上图为在冬季使用的睡袋。把大腿间的按扣扣上，这样不管孩子怎么动睡袋都不会往上卷。左图为在春季和秋季常用的纱布面料的睡袋。睡袋蓬松柔软，我很喜欢。

用背带抱孩子

孩子一出生就可以用上背带，它易于清洗，用起来也很方便。宝宝们被布包裹着，便会产生一种仿佛置身于子宫中的安心感。我家的背带经常被用破。

所有毛巾都选用亚麻面料

这块毛巾用来当浴巾是有点偏小，但它非常结实，我家已经用了好几年了。亚麻的强度大约是棉花的两倍，吸水性大约是它的四倍。用来提取亚麻的植物生命力非常顽强，栽培过程中不太需要打农药。

被罩的一物两用

右图是亚麻被罩。吸湿散热的亚麻非常吸汗，所以被罩总能保持干爽。冬天我用它做被罩，夏天用来做床单。和棉质纱布毯一上一下交替使用，冬夏皆宜。

用白色亚麻，每天都有好心情

我非常喜欢亚麻，家里的窗帘、寝具、毛巾、抹布等用的都是亚麻。亚麻吸水快、易风干，还有我最爱的沙沙的触感。它经久耐用，脏了的话可以放进水里煮洗或是用热水清洗，总能保持干净清爽。

在我家，亚麻浴巾除了用来洗完澡擦拭身体以外，折叠好，最后还能当浴室的地垫用。

亚麻的被罩，可以用来做沙发罩，夏天还可以用作床单。这样家里就不用准备太多体积庞大的罩子了，而且还可以一整年都用自己喜欢的被罩，这点很合我意。

用白色床单来做窗帘

日式房间里的亚麻窗帘，其实原本是双人床的床单。我也曾想用大块儿的亚麻布料来做窗帘，但无奈没有找到合适的，所以只好改造床单了。生长茂盛的绿植、晒得发黄的榻榻米，配上这柔和的白色竟也相得益彰。每天早晨，在柔和的光线中睁开眼，心情总是无比的愉悦。

为了以后还能另作他用，我没有对窗帘做任何的缝补剪切。布料过长的部分就折起来，用夹子固定住，像照片里这样垂挂起来。

布质尿布和布质臀部专用湿巾

我家的布质尿布大部分是朋友给的二手货。如果有顽固的污渍的话，就把它泡在加了含氧漂白剂的热水里浸泡一会儿，尿布立刻焕然一新。如果污渍比较小的话，放在太阳底下晒一晒就能变干净。臀部专用湿巾是用我的旧针织衫和儿子的睡衣做的（参见本书第118页）。

挑选好的布料，让肌肤自由呼吸

接触皮肤的东西还是要选择天然材质的才好，这样用起来才舒心、放心。我家老大小时候一直用的是纸尿裤，但老二用的大部分都是布尿布。

这么做的契机源于自己的一个小尝试。自从我把卫生巾换成了布质的，每次来例假时肚子也没那么疼了，月经不调也慢慢得到了改善。布质卫生巾使用的是和内衣一样的纯棉面料，透气性好，而且很亲肤，用了之后感觉比想象中还要舒适，这点让我深感意外。所以我想，小宝宝用的尿布应该也是一样的道理。

防溢乳垫也一样，自从换了布质的以后，皮肤再也没了恼人的瘙痒感。而且还能反复清洗重复利用，比起一次性的乳垫，布质乳垫更加环保、实惠。

第五章

旧物利用，且用且珍惜

用铸造的旧缝纫机做手工

我虽然不善缝纫，但却非常喜欢。晚上，孩子们入睡后，我便开始缝缝补补，"今天设计造型""今天剪裁""今天缝纫"，像这样把一整套工序分段完成，一做就是好几天。

我会把自己的衣服改造成孩子们穿的童装，缝上一些小刺绣，用碎布料做一点小摆件……"这次做点什么好呢？"光这么想想就觉得无比的期待。每每专心缝补，我便能从日常琐碎中抽身，陷入忘我的境界。

铸造的缝纫机非常结实，重量也不轻，它构造简单，据说即使坏了也很容易修复。以后我准备用它做出更多的手工作品。

要用到的材料备在篮子里

把要用到的布料归拢在一起，放在篮子里备用。能集中精力做手工的机会不是太多，把材料像这样准备好，一得空就能接着之前的继续做。

一见钟情的缝纫机

这是我在二手道具店淘来的缝纫机（品牌：SINGER），我把它拿去缝纫机专卖店修了修，自那时起就一直用着。专卖店的老板告诉我："铸造的缝纫机非常结实，说它能用上一百年也不为过呢。"

改造心爱的T恤

穿了很多年的衣服，虽然想着"都这么破了，还是扔了吧……"，但却总觉得可惜，迟迟下不了决心。所以，即使是因为袖子或下摆磨损得不能穿了的衣服，我也不会把它用来当抹布，可以把背部等磨损程度比较小的布料拿来做点小改造。比如改造成自己用的包、孩子们用的小玩意儿什么的。小宝宝的衣服布料比较少，用这些小布料可以做出各种各样的手工品。

曾经非常喜欢的衣服摇身一变有了新的模样，没有比这更开心的事了。想着不用把喜欢的衣服扔了，还能把它改造成具有不同用途的物品，我心里总算松了口气。

改造成自己用的包

这件套头T恤不论是款式还是舒适度都非常好，我曾经非常喜欢穿。虽然穿了好几年，袖子和下摆都磨破了，但它的布料非常的厚，且结实，所以我把它改造成了自己用的挎包。胸口的口袋还能起点缀、装饰的作用。

做成口水巾

口水巾的正反面都缝上这件T恤的布料。中间塞入双层纱布，再在围脖处安上按扣就可以了。我还用旧床单和碎布料另外做了好几块口水巾。

做成布艺包扣

我试着用一套无眼纽扣做了些布艺包扣。用敲打用的专用工具敲打成型即可。我打算等女儿的头发长长了，就用这个来给她做个发圈。

改造成孩子们用的小物件

这件T恤我也曾非常爱穿。虽然领口和袖子褪色严重、破损明显，但我仍舍不得扔。于是我把它改造成了孩子们用的小物件。

材料

夹子（一折就能打开的夹子）、布带、宽皮筋、缝成筒状的布料（长度大约是宽皮筋的两倍）

做法

①把夹子、布带和宽皮筋缝起来。

②把做好的①穿过缝成筒状的布料，再把两端缝死就做好了。

做成皮筋夹

这是一种用途非常广的便利的夹子。把它和毯子夹在一起的话，可以用来做宝宝的防寒披风，或是哺乳用披肩。还可以夹在手绢上做成口水巾，或是连在帽子和衣服之间防止帽子被风吹跑，非常实用。

我很喜欢"nani IRO"的布料。像这样把正方形的围巾折成三角形围在脖子上。随着使用和清洗次数的不断增加，这种布料会愈发蓬松柔软。

用双层纱布制作

把纱布裁剪成喜欢的长度，再把底端的纬线抽出。纬线抽得越多，围巾的流苏就越长。用双层纱布做出的流苏，如果将长度控制在0.5~1厘米以上的话，即使放进洗衣机里清洗也不会绽开。如果流苏比较长的话，就能像上下的照片里一样自然的打成卷。

不用针、不用线的手工围巾

我的衣服尽是些朴实、简单的款式，但是一搭配上围巾，却能华丽变身，展现不一样的风貌。

每次一发现印有可爱花纹的纱布布料，我便会用来做围巾。不穿针、不引线，一会儿就能做好。这比市面上卖得便宜，还能选择喜欢的款式，大小也能随心所欲。

纱布是100%的纯棉材质，亲肤、吸汗、还能机洗，我非常喜欢。围巾在夏天可以用来遮阳，还能在空调房里防寒保暖，孩子们午休时还能给他们盖一盖肚子，非常方便。

染法

①锅里加入水（1~1.5升）和洋葱皮（150克），煮15分钟后，静置30分钟。把纱布（150克）用水浸湿，勒上皮筋（这样染色后便会呈现出花纹）。

背带的草木染色法

怀孕时用来做腹带的"晒布"，产后被我用来做成了背带（参见本书第104页）。我用洋葱皮把原本雪白的纱布染了个色。

染色只需用到平常用不上的洋葱皮，以及在超市很容易就能买到的焦明矾，做法也很简单。瞧！染出的布料颜色分外的鲜艳。

天然染料不同于合成染料，染出的颜色绝无仅有，是专属于自己的颜色和花纹。

▼

②笊篱过滤掉锅里的残渣，把纱布放进汤汁里煮15分钟后，静置30分钟。在干净的水（1.5升）里加入焦明矾（15克），煮至溶化。将稍稍拧干水分的纱布放入锅中，浸泡30分钟（着色效果和防褪色处理）

▼

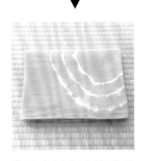

③把布料彻底清洗干净、脱水、拆下皮筋、晾干，布料这就染好了。锅我一般选用不锈钢锅或珐琅锅。

我把纱布染成鲜艳的浓黄色。抱孩子或背孩子时，我经常用到它。

为了女儿，手工制作布偶玩具

还记得年幼时，母亲会亲手为我制作背包或罩衫，而我总是非常喜欢。我常想着，也要像母亲一样，为我的孩子做点什么，所以一有时间，我便坐在缝纫机前缝缝补补。

布质玩具轻巧、柔软，方便小宝宝抓握，还能水洗。我做了个小布包和小猫的玩偶，这样的玩具应该能玩很长时间。

小布包除了可以来回抛着玩，还可以收集在篮子里，或者用来过家家。我给小猫玩偶缝上了个铃铛，这样在玩的时候还能发出响声。等女儿长大了，我还能给小猫做衣服什么的，要是还能玩出其他的花样我就更开心了。

收集碎布头，做个小猫玩偶

小猫玩偶的耳朵和尾巴，是用我的旧T恤的碎布料做成的。小猫的连衣裙用的是女儿不穿了的衣服的袖子部分做成的。缝好之后，在小猫腿和尾巴的部分剪开一个小口就可以了。

用T恤的剩布，做些小布包

我给女儿和儿子一共做了10个布包。为了方便清洗，我没有往里面放红小豆或米，塞的都是些小圆球。

做法

①布料剪成10厘米×16厘米大小的长方形，把布料向内对折，缝成圆环形。

②把布料的一端缝上一圈，把线收紧，再把线绕几圈后系紧，固定住。

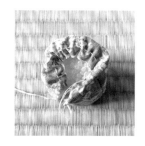

③把布料的另一端也缝上一圈，再把布料翻个面，放入40克的小圆球，再封上口。

物尽其用

我们家平常不用纸巾。一般用纱布来擦拭嘴角或鼻涕、用桌布来清扫撒在桌面的残渣。由于纱布可以反复水洗，所以既经济又环保。

衣服也是，一直穿到不能穿了，再把它改造成其他的用途，或是剪成抹布用来打扫。

穿不了的孩子们的衣服、不用的绘本和玩具等，如果不是太旧的话，就用以下某种方法处理掉：①送人；②拿去拍卖或到跳蚤市场出售；③交给回收店处理。虽然无法做到生活垃圾的零排放，但我还是希望在生活中尽可能地避免浪费。

将针织衫用来给女儿擦臀部

我常穿的针织衫用的是非常柔软的有机棉面料，穿起来非常舒服。最近起毛有点严重，我便把它改造一番，用来给女儿擦臀部。把针织衫剪成合适的大小，把边缘缝上，用来给女儿擦臀部的小方巾就做好了。可以反复水洗使用。

用纱布代替纸巾

把纱布放在木制器皿里，再搁在冰箱上，需要擦嘴角或鼻涕时，拿上一块代替纸巾用。比起纸巾，纱布更亲肤，而且可以反复水洗、重复利用，不会产生多余的垃圾。

用破了洞的T恤做抹布

这件针织衫我非常喜欢，即使变得皱巴巴了我都舍不得扔，一直穿着。直到衣服都破了好几个洞了，这才想着处理掉。我把它做成了抹布，用来打扫几次之后才舍得扔了。

用不上的东西，及时分享

女儿穿不下的衣服、不再用的婴儿用品什么的，只要还不是太旧，我都会送给朋友们。我不喜欢在家里长期搁置用不上的东西，我总会把它们送去派得上用场的地方。

几经修理的牛皮包

这是我十年前买的牛皮包。我让修理师傅
按照我的身高把包带剪成合适的长度、换
了换破裂的拉链、重新撑了撑内里。偶尔
给皮包上点油，皮包立刻焕发出光泽。我
愿和皮包一起，历经沧桑变化，慢慢变老。

我有两个牛皮小包。鲜艳茶色的那款
是朋友送我的。我一直精心呵护、小
心使用。

不论是衣服还是小物件，精心护理才能持久耐用

只要穿上喜欢的衣服、戴上中意的装饰，我的内心便充满了喜悦与幸福。为了能
让它们经久耐用，我总不忘精心护理。

皮革制品，更是如此。不知不觉中，皮具便能渐渐呈现出岁月带给它的万千变
化。护理它时，我用的护理油有四种功效：①去污；②防护、上光；③防水；④防霉。
用海绵或布蘸上少许，薄薄地涂上一层就可以了，非常简单。

"因为喜欢所以珍惜。"我会好好爱惜身边的一切，珍惜每一天、细致过生活。

凉鞋，换个鞋底继续穿

如果鞋底磨损得厉害的话，就拿去修理店换一个新的。瞧！换好的鞋底不仅看上去更美观了，穿起来也格外的舒服。这双鞋我穿了很长时间，几年前，鞋子的金属部分也被我拿去修了修。

将书包也拿去修理

儿子的书包是牛皮的。书包的拉链曾坏过一次，我把它拿去店里修了修。修好后，儿子自己给书包上了护理油。自己亲手护理的书包，估计以后会更加珍惜才是吧，我猜想。

修补破损的羽绒服

羽绒服破了个洞，家附近的服装改造店对此束手无策，无奈只能寄给厂家处理。尽管前后耗时近3个月、修理费也将近一百元，但当看到羽绒服的破洞被修复得如此完美时，我实在是太感动了。

去毛球刷，随用随取

去毛球刷能把衣服起的毛球去除得非常干净，而且还不伤衣服。我把它和羊毛的外套、连衣裙挂在一起收纳，这样想用的时候随手就能够着。

自己修理珐琅小物件

珐琅材质的小物件外表美观，使用方便，我非常爱用。珐琅质容器耐酸耐盐，不易滋生细菌，于是我把它放在厨房里，用来保存米糠、酱腌菜。

另外，我家盥洗室用的容器罐、桶、女儿用的便盆等都是珐琅材质的。纯白色的珐琅，哪儿有污渍一眼就能发现，而且比起塑料材质，更不易变得黏滑，非常卫生。

珐琅质脆，用起来要尽可能的小心、谨慎。尽管如此，我有时还是会不小心失手打破，破碎后的珐琅会裸露出内部的金属材质，金属材质极易生锈，所以我都会尽早自己给它修补好。

不论什么坏了，我都不会轻易去买一个新的，而是首先寻求修理的办法，尽量延长每一件物品的使用寿命。

我给珐琅便盆套上一个布罩，这样坐上去就不会感到凉了。

我把裸露的黑色金属铸件部分修理了一番。无奈涂料涂得不够均匀，所以摸上去不够光滑，但比起以前破损已经不那么明显了。

这是珐琅的修补剂。把A剂和B剂混合后，用附带的小铲子涂抹。等彻底干燥后，用锉刀稍做打磨即可。

造型变化自如的家具，真方便

生活中我崇尚极简主义，不愿一味地往家里添置物品。所以家里如果有些能反复利用的、多功能的物品，生活就会便利许多。

比如我家的桌子和沙发，家里来客人的时候，可以调整高度或是改变用途。

有一次我在家里开了个家庭聚会，孩子的好朋友和妈妈们一共来了20人，我把桌子高度调低，大家带来各色美食，围坐在矮桌前，相聊甚欢。这样就不用为人多而椅子不够犯愁了。

我家虽然不大，但我希望能有效利用现有的空间，随时都能招来一帮朋友聚上一聚。

可以当成床的沙发

我家的沙发是由两个沙发拼接而成的。把左、右两侧的沙发对着摆放，这样就能当成床用了。父母来家住时便能派上大用场。另外，用来做沙发罩的白色布匹，其实就是原来的被罩和枕头罩。

可以调整高度的桌子

平时把桌子调高，可以放上缝纫机用来做手工，或是放在沙发旁使用。改变一下桌角的安装方法，便能当成矮桌使用。餐厅用的餐桌（参见本书第28页），同样也可以调整高度。

家具常保养，才能保持美观

我家的家具，除了厨房和盥洗室的手推车以外，都是木质的。

特别是上过油的原木家具，木头触感温顺柔和。经匠人之手精心打造的家具，外观精美，历久弥香，这点我非常喜欢。

木制家具怕水、易脏、易损坏，所以我会定期做保养（餐厅用的餐桌因为平时会用水擦拭，所以每三个月保养一次，其他家具大概每年保养一次）。

我愿怀着感恩之心，保养、修理我心爱的家具，和他们一起历经岁月的变迁、时光的更迭。

儿童房的桌子

儿童房的桌子和凳子，和餐厅的餐桌一样，制作材料都是上过油的胡桃原木，透着一种令人着迷的美丽。就算哪一天孩子们不想用它了，我也会一直留作己用。

造型各异的椅子们

我家的椅子，每一把都是在充分考虑舒适度和造型两方面因素后，精心挑选的。宝宝椅（如上图左侧所示）是丹麦Leander公司的产品。它承重能力强，大人也可以使用。

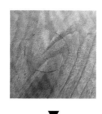

杯底印记比较明显的地方，用磨砂纸#240进行打磨，之后用磨砂纸#400对整个桌面进行打磨。稍加护理，瞧，桌面是不是变得很干净。

▼

使用磨砂纸和护理油，让家具光彩重现

使用频率最高的餐桌，总是会残留杯底的印记，而且极易受损，为此我总不忘给餐桌做保养。用磨砂纸打磨桌面后，用抹布擦拭一遍，最后再涂上护理油，几小时后把油擦干净，保养就算做完了。

这是在买家具时一并入手的天然植物油（如左图右侧所示）。再用护理油（如左图左侧所示）进行保养的话，家具便愈发有光泽。

结束语

自从开始记录博客"生活笔记"

已有三年。

围绕着"简单而又舒服的生活"这一主题，

我开始记录生活中发生的故事以及我的所思所想。

所幸读者日渐增多，

我才能坚持更新，直到今天。

非常感谢专门写来邮件的读者朋友们，

你们的来信带给了我如此多的感动。

我将一如既往，追求简单而又舒适的生活。

我想，不光是生活，思考及人际关系也应当是简单的。

若人生也能如此这般简单当是最好不过。

这是我的第一本书，

本书的出版，

我得到了很多朋友的大力支持。

写书的艰辛、遣词措意的困难，

都让我几度心力交瘁。

非常感谢不断给我加油、鼓劲的本书策划臼井先生，

赐予我金玉良言的X-Knowledge的别府先生，

以及为本书提供精美图片的摄影师柳原先生和把本书设计得如此可爱的MARTY inc.先生。

同时，我也从心底里感谢一直在我身边支持我的家人和朋友们。

还要感谢通过博客，支持我的各位素不相识的朋友以及阅读了本书的各位读者朋友们。

这种喜悦之情，我将一生难忘。

诚心祝愿各位每一天都开心、安康。

中山亚衣子

图书在版编目（CIP）数据

轻松做家务，简单过生活 /（日）中山亚衣子著；何恒婷译.
—北京：中国轻工业出版社，2017.11
（悦生活）
ISBN 978-7-5184-1599-1

Ⅰ.①轻… Ⅱ.①中… ②何… Ⅲ.①家庭生活 – 基本知识
Ⅳ.① TS946.3

中国版本图书馆CIP数据核字（2017）第219401号

版权声明：
© AIKO NAKAYAMA 2016
Originally published in Japan in 2016 by X-Knowledge Co., Ltd.
Chinese (in simplified character only) translation rights arranged with
X-Knowledge Co., Ltd.

责任编辑：卢 晶　　责任终审：劳国强　　整体设计：锋尚设计
策划编辑：龙志丹　　责任校对：李 靖　　责任监印：张京华

出版发行：中国轻工业出版社（北京东长安街6号，邮编：100740）
印　　刷：北京博海升彩色印刷有限公司
经　　销：各地新华书店
版　　次：2017年11月第1版第1次印刷
开　　本：720×1000　1/16　印张：8
字　　数：200千字
书　　号：ISBN 978-7-5184-1599-1　定价：42.80元
邮购电话：010-65241695
发行电话：010-85119835　传真：85113293
网　　址：http://www.chlip.com.cn
Email：club@chlip.com.cn
如发现图书残缺请与我社邮购联系调换
161230S6X101ZYW